# 超细晶铜材
# 大变形异步叠轧制备技术

王军丽　著

北　京
冶　金　工　业　出　版　社
2011

# 内 容 提 要

本书系统阐述了大变形法制备超细晶材料制备技术及理论研究的相关进展，考察了同步叠轧和异步叠轧过程工艺条件对制备的超细晶铜材组织的影响，进行了异步叠轧制备过程及热处理过程的制备工艺和热处理工艺的优化，探讨了大变形异步叠轧制备超细晶铜材的形成机制、取向演变过程及织构形成机制；考察了超细晶铜材的性能，探明了大变形异步叠轧制备超细晶铜材的制备技术体系以及具有良好性能超细晶铜材的形成机制，进行了超细晶铜材的扩大规模试验。

本书适用于新材料制备、材料加工、机械、电子、冶金、化工、航空航天等领域从事科研及生产的技术人员以及高等院校的师生阅读和参考。

**图书在版编目(CIP)数据**

超细晶铜材大变形异步叠轧制备技术/王军丽著.
—北京：冶金工业出版社，2011.3
ISBN 978-7-5024-5534-7

Ⅰ.①超…　Ⅱ.①王…　Ⅲ.①超细晶粒—铜合金—塑性变形—异步轧制：带材轧制—制备　Ⅳ.①TG339

中国版本图书馆CIP数据核字(2011)第038936号

出 版 人　曹胜利
地　　址　北京北河沿大街嵩祝院北巷39号，邮编100009
电　　话　(010)64027926　电子信箱　yjcbs@cnmip.com.cn
责任编辑　宋　良　王雪涛　美术编辑　彭子赫　版式设计　葛新霞
责任校对　卿文春　责任印制　张祺鑫
ISBN 978-7-5024-5534-7
北京百善印刷厂印刷；冶金工业出版社发行；各地新华书店经销
2011年3月第1版，2011年3月第1次印刷
148mm×210mm；4.625印张；134千字；136页
**19.00**元
**冶金工业出版社发行部　电话:(010)64044283　传真:(010)64027893**
**冶金书店　地址:北京东四西大街46号(100010)　电话:(010)65289081(兼传真)**
(本书如有印装质量问题，本社发行部负责退换)

# 前　言

超细晶材料由于其特殊的结构而体现出优异的性能。大变形异步叠轧技术是制备块体超细晶材料的一种非常有效的方法。与同步叠轧或累积叠轧焊技术相比，大变形异步叠轧技术在轧制方式上不同于普通叠轧，既具有常规轧制的特点，也是一种优于普通叠轧法，能够有效降低轧制压力、增大变形量并提高产品精度的轧制方法。该技术综合了同步累积叠轧技术和异步轧制技术的特点，在制备超细晶材料方面有很大的优势。

目前，国内外采用大变形制备超细晶材料的方法很多，但大部分方法都只是处于研究阶段。国内外关于异步轧制和叠轧法制备超细晶材料的研究也较多，但关于异步叠轧技术制备超细晶材料的研究报道则较少。

本书是一本系统阐述大变形异步叠轧制备超细晶铜材的制备工艺及理论研究方面的专著。借助于扫描电子显微镜、背散射电子衍射、透射电子显微镜、光学金相显微镜、X 射线衍射仪、拉伸试验机等仪器设备，进行了异步叠轧制备过程及热处理过程的制备工艺和热处理工艺的优化，探讨了大变形异步叠轧制备超细晶铜材的形成机制、取向演变过程以及织构形成机制，考察了超细晶铜材不同阶段的性能，探明了大变形异步叠轧制备超细晶铜材的制备技术体系及具有良好性能超细晶铜材的形成机制，制备出了具有优良力学性能和导电性能的超细晶铜材。

本书的撰写工作，得到了昆明理工大学史庆南教授、徐瑞东教授、周荣锋教授、孙勇教授、陈敬超教授、钱天才教授级高工、杨喜昆教授级高工、陈亮维教授级高工、王绍华高工以及王效琪、起华荣、周蕾、米辉、刘润、周建峰、陈步明、石照夏、张永春等人的大力支持。本书的出版得到了国家自然科学基金、云南省科技条件平台建设计划、稀贵及有色金属先进材料教育部重点实验室开放基金、云南省教育厅科学研究基金，昆明理工大学人才培养基金、稀贵及有色金属微结构材料创新团队建设基金及研究生百门核心课程建设基金的支持，在此一并表示衷心的感谢。

由于水平所限，书中不妥之处，诚请读者批评指正。

作　者

2011 年 1 月

# 目　录

# 1 大变形法制备超细晶材料现状

晶粒尺寸减小到超细晶量级（亚微米及其以下）的金属材料，在室温下性能会发生一系列巨大而有益的变化，特别是室温下超细晶金属可以获得加工硬化程度很小的延展性和导电性，这对材料的精细加工和塑性微成形具有重大的实用价值。具有超细晶结构的金属材料综合性能将获得显著提高。

## 1.1 超细晶材料的制备方法

超细晶材料作为一种新型材料，由于其优异的性能，已引起人们的广泛关注。制备超细晶材料的方法主要有电沉积法、气相沉积法、湿化学法、分子束外延法、溅射法、机械合金化法以及大塑性加工方法等。下面主要介绍除大塑性加工方法以外的几种超细晶材料的制备方法。

### 1.1.1 电沉积法

电沉积法可制备多种单金属与合金的纳米晶材料。电沉积法制备纳米晶材料又包括直流电沉积法、脉冲电沉积法、喷射电沉积法以及复合共沉积法等[1,2]。脉冲电沉积是以高频下的断续电流（通电时间短，仅几十微秒，断开时间一般大于通电导电时间的几十倍）来代替常规直流电沉积。喷射电沉积是一种局部高速电沉积技术，电沉积时，一定流量和压力的电解液从阳极喷嘴垂直喷射到阴极表面，使电沉积反应在喷射与阴极表面冲击的区域发生。电解液的冲击不仅对镀层进行了机械活化，同时还有效地减小了扩散层的厚度，改善了电沉积过程，使镀层组织致密、晶粒细化及性能提高。复合电沉积是将固体微粒均匀分散在电镀液中，制成悬浮液进行电沉积。微粒弥散复合镀层可以提高金属或合金耐磨损、耐擦损和抗蠕变性能并提高其抗蚀性，可作为耐磨镀层、耐蚀镀层、抗氧化镀层、干性自润滑镀层、电接触镀层以及具有电催化或光催化镀层等复合材料使用。

### 1.1.2 气相沉积法

气相沉积法主要用于制备超细晶纳米粉体和薄膜。气相沉积主要有化学气相沉积和物理气相沉积两种方法。化学气相沉积技术主要有金属有机物化学气相沉积、等离子增强化学气相沉积、激光化学气相沉积、真空化学气相沉积、射频加热化学气相沉积、紫外光能量辅助化学气相沉积等技术，其应用已不再局限于无机材料方面，现已推广到诸如提纯物质、研制新晶体、沉积各种单晶、多晶或玻璃态无机薄膜材料等众多领域[3~7]。物理气相沉积是在真空条件下，利用各种物理方法将镀料气化成原子、分子或离子直接沉积到基体表面的方法，工艺方法又有空心阴极离子镀、多弧离子镀、微波等离子体辅助化学气相沉积以及电子束物理气相沉积法等。

### 1.1.3 湿化学法

湿化学法工艺主要适用于纳米氧化物粉末，具有无需真空等苛刻的物理条件和易放大等特点，而且得到的粉体性能较优异。采用的方法主要有共沉淀法、乳浊液法、水解沉淀法、直接沉淀法、均相沉淀法、化合物沉淀法、喷雾热解法、溶胶-凝胶法等[8]。共沉淀法将各种阴离子在溶液中实现原子级的混合[9,10]。溶胶-凝胶法是从金属的有机物或无机化合物的溶液出发，在溶液中通过化合物的水解或醇解，反应生成物经聚合后，把溶液制成有金属氧化物微粒子的溶胶液，进一步反应产生凝胶，再把凝胶加热，可制成凝胶化玻璃、多晶体陶瓷[11]。水解沉淀法是通过配制无机盐的水合物，控制其水解条件，合成单分散性的球状、立方体等形状的纳米粒子。喷雾热解法[12]是将含所需正离子的某金属盐溶液喷成雾状，送入加热设定的反应室，通过化学反应生成微细的粉末粒子。水热合成法[13]一般是在 100 ~350℃和高气压环境下使无机或有机化合物与水化合，通过对加速渗析反应和物理过程的控制，得到改进的无机物，再经过滤、洗涤和干燥处理，从而得到高纯、超细的各类微粒子。

### 1.1.4 分子束外延法

分子束外延法[14,15]（MBE）及其相关的方法主要用来制备半导体纳米线或薄膜。这些方法制备的纳米线容易操作，对于研究物质的性质与尺寸、形貌关系都特别合适。分子束外延生长方法优于液相外延法和气相外延法，晶体（薄膜）的生长过程是在非热平衡条件下完成的，受基片动力学条件制约，这是分子束外延法与在近平衡条件下进行的液相外延生长的根本区别。

### 1.1.5 溅射法

溅射法[16~19]是用经加速的高能离子撞击材料表面使材料蒸发，发射出中性的及电离的原子和原子团粒，从而形成纳米颗粒。该方法又可分为离子溅射法，常用 $Ar^+$、$Kr^+$ 和 $H^+$ 轰击块体，在低压惰性气氛中形成纳米粒子；激光侵蚀法，用激光侵蚀块体，造成气化；等离子体溅射法，即以等离子体为轰击源，溅射块体。溅射法的优点是可以使几乎所有物质气化，但通常只产生少量的团粒，主要用来制备纳米薄膜，也用于制备纳米金属和纳米陶瓷。

### 1.1.6 机械合金化法

机械合金化是将欲合金化的元素粉末按一定配比机械混合，在高能球磨机等设备中长时间运转，将回转机械能传递给粉末，同时粉末在球磨介质的反复冲撞下承受冲击、剪切、摩擦和压缩多种力的作用。经历反复的挤压、冷焊合及粉碎过程，成为弥散分布的超细粒子，在固态下实现合金化[20,21]。机械合金化所用的设备有行星式球磨机、振动式球磨机、搅拌式球磨机和高能球磨机（振动+搅拌）等。球磨介质为磨球，主要有淬火钢球、玛瑙球和刚玉、碳化钨球等。机械合金化强度与所选用的球磨机的种类、磨球的种类和球磨工艺（球磨机功率、球磨时间和球料比）密切相关。

上述方法存在超细晶粉体的稳定保存和粉体压制过程中纳米粉末团簇长大的问题，至今还没有经济可靠的解决方案。还存在不能获得大尺寸块体，材料内部有微孔隙存在，工艺过程复杂以及规模化生产困难等不足。鉴于此，有的研究学者回避了粉体压制成块体的难题，直接对金属块体材料进行强烈塑性变形加工，直接细化金属晶粒，使晶粒度达到超细晶量级（亚微米及其以下）。当然，普通的塑性加工对金属的细化作用远远达不到预期目的，要获得超细晶的细化效果，必须对金属进行极大的形变加工或使金属获得极大的累积变形量，即大塑性加工，也称为大变形法。

## 1.2 大变形制备超细晶的国内外研究现状

大变形克服了制备块体材料方面超细晶稳定性问题，而且可以直接制备出大体积的金属材料，从而又解决了超细晶材料制备的量的问题，因此已发展成为各国学者研究的焦点。采用大变形来获得超细晶粒结构材料，金属材料能在不牺牲甚至提高材料的塑性和韧性的同时大幅度提高材料的室温强度，从而改善材料的综合性能。大塑性变形的主要原理是控制试样在加工前和加工后尺寸保持不变，从而可以对试样反复进行相同过程的塑性变形，每次变形晶粒都会得到细化，通过这样的方式可以获得极大的累积形变量，也可以通过控制加工道次获得预期的形变量，从而获得预期细化效果的材料。目前开展的大塑性变形方法主要有等径角挤压、高压旋转、叠轧法、连续剪切法、连续细化剪切法、循环挤压法、折皱-压直法等。这些方法都是通过对块体金属材料直接进行大塑性变形，使材料内部的晶粒发生反复的相互剪切应变。在这种反复的剪切作用下，晶粒被切碎，逐步细化，最终达到超细晶（或纳米）尺寸，同时，材料的性能也会发生根本性突变，最终获得高性能的超细晶材料而得到广泛应用。目前制备超细晶的大变形或深度塑性变形的方法很多，以下就每种方法制备超细晶材料的国内外研究现状进行论述。

### 1.2.1 等径角挤压法制备超细晶

等径角挤压法是一种以纯剪切方式实现块体材料大塑性变形的金属成形工艺。技术原理如图 1.1 所示。试样垂直放入模具型腔，然后从水平型腔挤出，从而完成一个道次的挤压过程。在不改变材料横截面积和横截面形状的条件下，只经过数次变形所产生的剪切应变量就相当于正应力作用下完成100∶1甚至产生1000∶1压下率的累积应变量。

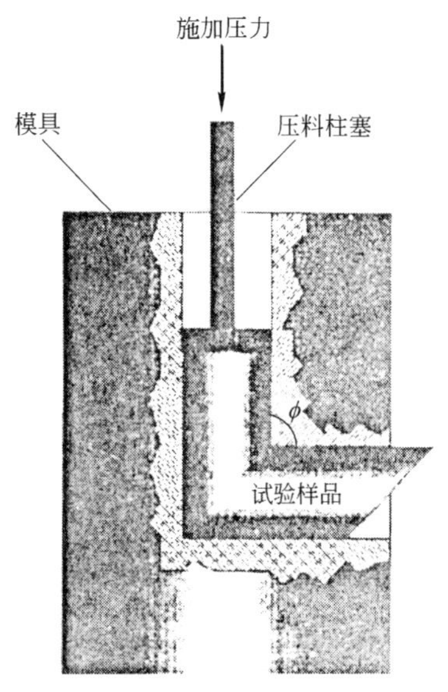


图1.1 等径角挤压法技术原理示意图

目前等径角挤压已开发出以下四种工艺路线。一是每道次挤压后，试样不旋转，直接进行下一道次的挤压；二是每道次挤压后，试样旋转90°，进行下一道次的挤压，旋转方向交替改变；三是每道次挤压后，试样旋转90°，进行下一道次的挤压，旋转方向不改变；四是每道次挤压后，试样旋转180°，再进行下一道次挤压。四种工艺对被加工材料的最终组织及性能有很大影响。

#### 1.2.1.1 等径角挤压法制备超细晶工艺研究

用等径角挤压法制备超细晶的研究较多。国内研究者[22]采用ECAP法制备了超细晶铝合金材料，随着剧烈塑性变形的增加，显微组织中开始形成大量晶粒尺寸小于1μm的位错胞组织。当其晶界取向差增大时，亚晶粒变为越来越细的板条状组织。当经过8道次ECAP变形后，晶粒尺寸由变形前的约50μm细化为约0.2μm；纳米晶合金-掺硼 $Ni_3Al$ 金属间化合物和铝合金 1420（Al-5. 5% Mg-2. 2% Li-0. 12% Zr）以及亚微米晶铝合金 1420，经过施加大压力状态下的扭曲应变的加工和等路径斜向挤压加工[23]，表现出在相对低的温度和/或高应变速度条件下增强超塑性；利用等径角挤压可在许多纯金属、合金、金属间化合物中获得超细晶结构，晶粒尺寸从 1mm 细化到 0. 1 ~ 1μm[24]。微观组织由粗大的具有小角度晶界的等轴晶逐渐演变为细小的具有大角度晶界的颗粒状结构；罗蓬等[25]研究了铸造镁合金等径角挤压的原理与技术实施手段，通过设计模具的几何结构，研究了剪切应变累积效应的度量方法。还有学者[26~29]阐述并总结了等径角挤压的变形原理及四种典型的装料方式，不同的装料方式产生不同的晶粒细化效果；切变面与晶体结构以及变形织构的交互作用在晶粒细化中发挥主要作用；影响晶粒细化的因素及挤压后材料宏观力学性能的改善等方面的研究进展，并提出了几项需要进一步深入研究的工作。日本、白俄罗斯的科学家们共同合作，用等径角挤压法使 Cu-Zn-Cr 合金中的晶粒尺寸达 160nm[30]。K. T. Park 等[31]采用等径角挤压制备铁素体/马氏体双相钢，位错增加使应力增强，控制退火工艺可以控制马氏体在基体铁素体中的分布。R. Z. Valiev 等[32]回顾了过去等径角挤压制备超细晶金属和合金技术，包括如何提高等径角挤压在细化晶粒方面的作用、利用等径角挤压过程中应力的原理、滑移系、剪切带、实验因素包括几何形状等。V. G. Pushin 等[33]采用大变形法制备纳米结构 TiNi 基形状记忆合金，研究表明大变形不会改变合金的相变但改变马氏体形貌，合金形成纳米结构后力学性能和形状记忆性能得到提高。M. Ferry 等[34]研究了大变形制备超细晶 Al-0. 3% Sc（质量分数，下同）合金在高温下的组织演变过程。D. Nagarajan 等[35]研究了冷挤对等径角挤压铝合金组织及性能的影响。P. Leo 等[36]研究了大变形铝合金的性能及变形特征。F. D. Torre 等[37]研究了等径角挤压 1 ~ 16 道次的铜的组织及性能。W. S. Zhao 等[38]研究了动态塑性变形铜过程中的高密度纳米级孪晶。

上述等径角挤压法制备超细晶工艺研究表明，采用不同的挤压通道角度、剪切应变量、不同道次之间试样的挤压角度以及退火温度，可以使纯金属（纯铝、纯铜等）、合金（铝合金、铜合金等）以及钢（铁素体/马氏体双相钢等）组织得到细化，达到超细晶尺寸。

#### 1.2.1.2 等径角挤压法制备超细晶的组织、性能

S. D. Wu 等[39~41]对采用等径角挤压法制备的超细晶铜进行循环变形，发现在此过程中有两种剪切带，随着循环变形过程中温度的升高，超细晶粗化，位错墙转化为规则的细小孔，不同晶粒尺寸的铜变形过程孪晶转变机制不同。M. K. Wong 等[42]对不同大小的超细晶铝进行反复变形，超细晶的疲劳寿命比粗大晶粒的短。对于超细晶铝，随着晶粒变小，疲劳寿命降低。王立忠等[43]研究经多道次等径弯曲通道变形后 Al-3% Mg-0.5% Zr 铝合金的超塑性行为：晶粒尺寸由变形前的 50μm 经过八道次等径弯曲通道变形后细化为 0.3μm；随后在 330℃ 退火保温 1h 的条件下其晶粒尺寸长大至 10μm；在 500℃、应变速率为 $1\times10^{-3}s^{-1}$ 的拉伸实验中，该超细晶材料的最大伸长率高达 370%，呈现出良好的超塑性。刘睿等[44]介绍了等径角挤压处理对提高材料的强度、疲劳寿命、超塑性等的贡献以及影响等径角挤压法工艺的因素，分析了存在的问题，并对其应用前景进行了展望。黄崇湘等[45]研究了循环形变处理对等径角挤压法制备的超细晶铜室温拉伸行为的影响，与制备态相比，循环形变处理后超细晶铜的塑性变形行为发生了明显的变化，在应力-应变曲线上出现流变应力的平台区，在此区域没有应变硬化和颈缩发生，均匀伸长率由制备态的约 2% 提高到约 6%，探讨了该阶段变形的机制以及导致这种变化的可能因素。国外 H. Mughrabi 等[46]研究了等径角挤压制造的超细晶铜的循环变形行为，认为循环晶粒粗化和某些程度的软化是由于动态再结晶机制；K. R. McNee 等[47]利用原子力显微镜研究铜的显微结构和扩散蠕变行为；Z. F. Zhang 等[48]研究了疲劳铜单晶体变形带的演变和微观结构特征，研究了在高应力振幅下单晶体循环变形铜变形带的位错排列、晶体学特征及疲劳断裂开始，从疲劳铜晶体的表面形貌能观察到许多特征。H. J. Maier 等[49,50]研究了等径角挤压制备的超细晶铜的循环应力应变过程。H. W. Höppel 等[51,52]对等径角挤压制备的超细晶金属和合金的疲劳行为进行了回顾，对等径角挤压制备的

超细晶进行恰当的热处理，其疲劳寿命将得到显著提高，否则和传统晶粒的一样。L. Kunz 等[53]对等径角挤压制备的超细晶铜的疲劳强度、组织稳定性和应变场进行了研究。M. Goto 等[54]观察了等径角挤压制备的超细晶铜在高和低循环应力振幅下的形貌特征。Z. Pakiela[55]等对近年来大变形制备超细晶的方法进行了介绍。V. M. Segal 等[56]对超细晶金属进行拉伸实验，获得不同阶段变形机制。

目前对等径角挤压法制备超细晶材料组织及性能的研究表明，采用该方法制备的超细晶因具有细晶结构而表现出了高强度；部分材料在特定的温度和拉伸速率条件下具有超塑性；部分材料的伸长率得到提高，而部分材料的伸长率变化不大或有所下降；同时，超细结构材料的疲劳寿命较传统粗晶材料下降，但经过退火之后，超细结构材料的疲劳寿命得到恢复。

### 1.2.2 高压旋转法制备超细晶

高压旋转法制备超细晶材料的技术原理如图 1.2 所示：在室温条件下，模具中的试样被施以 GPa 级的高压，同时通过转动冲头来扭转试样样品在高压力冲头高速旋转产生的摩擦力和剪切力的共同作用下制得纳米块体材料。高压旋转技术不仅适合制备金属纳米材料，而且还适合金属-陶瓷纳米复合材料等脆性材料的制备。Cheng Xu 等[57]研究了高压扭转纯铝工艺的均匀性，包括压力和扭转次数的影响。T. Ungár 等[58]用 X 射线衍射选区测定了高压扭转获得样品的晶粒尺寸，并测量了样品的硬度，在样品盘中心晶粒最大而硬度最低。

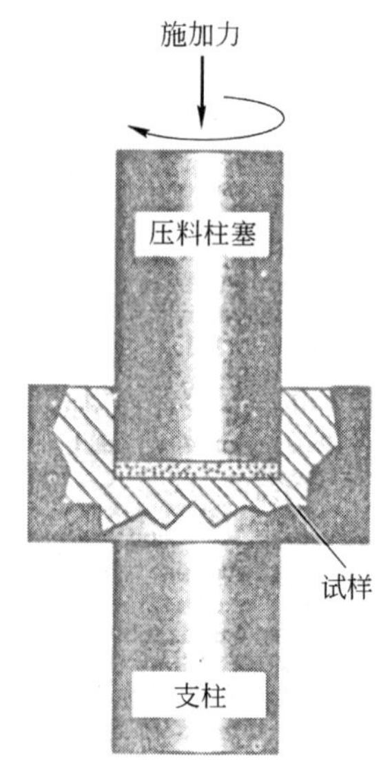


图 1.2 高压旋转法技术原理示意图

目前，高压旋转法可制备的样品尺寸为(12 ~ 20) mm × (0.2 ~ 1) mm、晶粒度为20～150nm的薄片。高压旋转法制备的材料有纳米（超细晶）材料的优秀特性，但由于模具和工具的限制，其形状一般只能为圆盘，厚度也不能太大，同时产品数量有限，这些不足限制了其发展。

### 1.2.3 多向锻造和多向压缩制备超细晶

多向锻造是一种自由锻工艺，一般锻造前试样需加热，锻造温度为0.1～0.5$T_m$。20世纪90年代初，俄罗斯科学院超塑性问题研究所的Salishchev等采用该方法加工了一系列铁合金[59,60]。对脆性较大的TiAl的研究进一步发展了多向锻造工艺：第一步对试样进行热机械变形以获得细晶组织；第二步超塑性变形以提高组织的均匀性；第三步在保证超塑性变形的温度、形变速率的条件下，对试样进行热机械变形以获得纳米晶组织。采用该方法制备了晶粒尺寸为100nm的TiAl块体材料，后来又制备了晶粒尺寸为60nm的Ti-6%Al-3.2%Mo块体材料[61]。

多向压缩的原理与多向锻造基本一致，只是去掉了拔长工序。具体操作上采用固定比例的方形试样，每道次缩30%～45%，淬水，然后将变形试样机械加工成原比例的试样（长轴转90°），再沿第二轴进行压缩，如此反复压缩。近年来，A. Belyakov在日本采用多向压缩工艺对纯铜及不锈钢等材料进行了加工，晶粒尺寸可以达到数百纳米，并对加工后试样的再结晶行为作了细致的研究[62～64]。多向压缩工艺便于精确计算变形量，但仍属于多向锻造的一种。

多向锻造和多向压缩方法制备超细晶的研究结果表明，该方法属于传统的锻造方法，但可制备出大块体超细晶纯金属、金属间化合物和钢及铁合金。

### 1.2.4 沙漏挤压法制备超细晶

沙漏挤压法是在一个等径模具中对块体材料反复进行挤压加工，使材料获得很大的累积变形量，同时晶粒逐步细化，从而获得超细晶材料。沙漏挤压法技术原理如图1.3所示：试样在模具型腔内，加热并保温足够时间后开始挤压。首先对试样进行预压使其充满封闭空间，然后在两顶杆上同时施加压力，并使两顶杆以相同的速度向同一方向运动，最后两顶杆再向相反的方向同步运动。重复以上的过程，直至获得所要的应变为止，然后移去一侧顶杆，将试样由另一侧挤出。

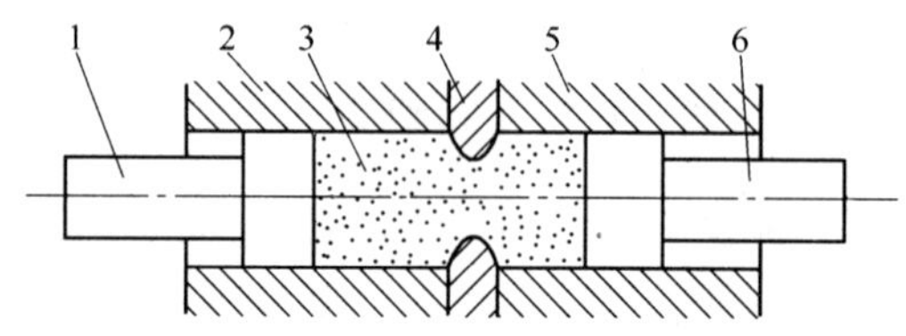


图 1.3　沙漏挤压法技术原理示意图
1—顶杆 A；2—型腔模 A；3—试样；
4—模芯；5—型腔模 B；6—顶杆 B

沙漏挤压法是一种新的晶粒细化方法，通过挤压过程中产生的大塑性变形和动态再结晶而使晶粒得到细化[65]，采用沙漏挤压能使 Zn-Al 合金获得等轴超细晶组织，材料性能得到很大的提高，并有助于实现高应变速率超塑性。

### 1.2.5　连续剪切变形法

连续剪切变形方法[66]可以说是等通道角挤压的另一种实现方式，不仅生产率很高，而且还可以加工卷带材。简单的剪切变形施加在卷带材上，可以控制材料的组织结构，已经成功应用在铝合金[67]和无缝钢管生产上[68]。关于剪切组织的变形、实验设备和实验步骤在一些文章中[69]也有详细报道。一个等通道角钢模安装在轧机的出口处[70]，四个小轧辊和一个大轧辊作为咬入装置。等通道模具上角由加固碳化物制造而成，曲率半径为 0.2mm，弯曲转角 $\theta$ 可以设置成 55°、60°、65°和 70°。无机油可作为润滑剂，涂在样品上表面用来降低摩擦。连续剪切变形技术原理如图 1.4 所示。

### 1.2.6　反复弯曲平直法

反复弯曲平直法是 2001 年新开发出来的大变形工艺，图 1.5 说明了该工艺的加工原理是将低温试样反复在模具中压弯，在平砧间压直，每道次弯曲平直间试样转 90°，试样的应变量可以用弯曲平直

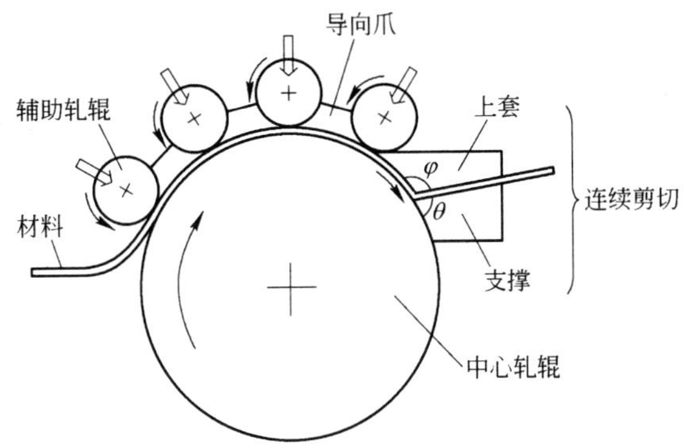


图 1.4 连续剪切方法技术原理示意图

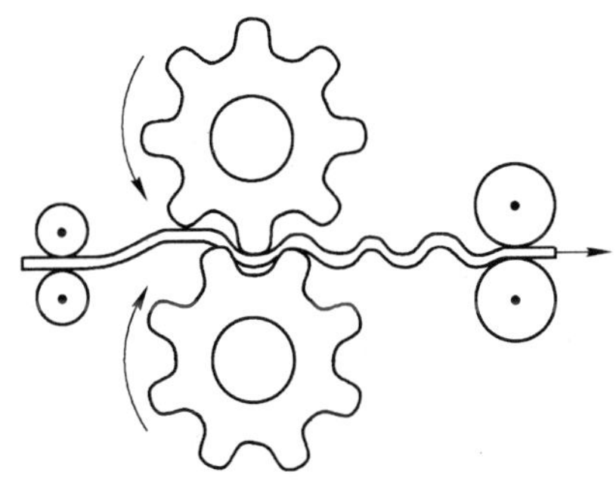

图 1.5 反复弯曲平直法技术原理示意图

道次数来计算[71~74]。

该方法易于在轧机上实现连续生产，是一种比较成熟的加工方法。与上述大变形方法相比，反复弯曲平直法所需的加工压力小，采用轧制来制备纳米（超细晶）材料，提高了生产效率。同时，加工压力减小和生产效率的提高有利于降低成本，符合大生产的需要。

### 1.2.7 叠轧法制备超细晶

叠轧法是对板带材料反复叠合轧制而获得纳米（超细晶）块体材料的方法。其工艺过程（图 1.6）为：

（1）对铸造板材进行表面处理；

（2）对要进行叠合的一面两层板材相互滑动；

（3）将板材叠合压紧，准备轧制；

（4）将叠合好的板材送入轧机轧制，为减小工件加工硬化，防止表面开裂，在工件进入轧机前有一道加热工序，加热温度在合金的再结晶温度以下，轧制压下量为50%，使试样保持轧前尺寸。

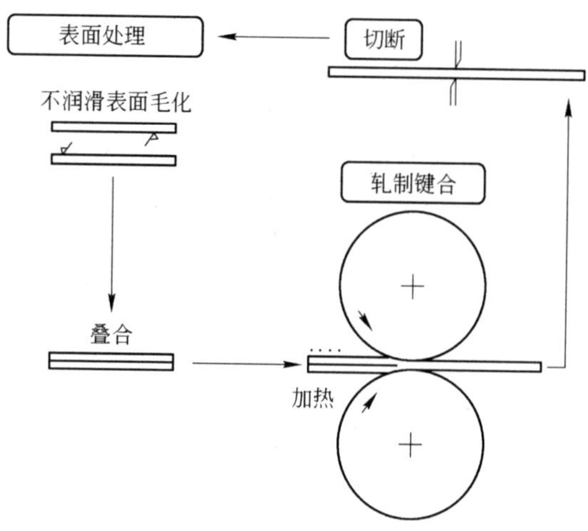


图 1.6 叠轧法技术原理示意图

以上工序加工完后，只要处理得当，叠合的板材在轧制中会结合得很好，然后再按工序（1）~（4）进行反复。

叠轧法很早以前用在工业生产中，目的是为了获得薄板，而在研究纳米（超细晶）体材料制备的方法中，叠轧法通过对板的叠合克服了因轧机弹性变形而造成的“最小轧制厚度”问题，使得板材可以获得很大的累积变形，同时获得超细晶晶粒。叠轧法工艺对设备无特殊要求，生产效率高，而对产品质量提高又很大，因此进行叠轧法研究具有理论和实用意义。

#### 1.2.7.1 叠轧法制备超细晶的工艺研究

大森章夫等[75]研究了中温轧制法试制超细铁素体-渗碳体组织钢

板的性能，新开发的轧制工艺用于生产超细 18mm(T) ×75mm(W) ×1100mm(L)0.15%C-0.30%Si-1.5%Mn 钢板。双向轧制能促进大角晶界的形成。773K 和 873K 轧制得到的新生铁素体晶粒平均直径分别为 0.6μm 和 1.2μm。较低温度下强烈的中温轧制易导致变形织构的发展。在 GLEEBLE2000 热模拟试验机上进行普通碳锰钢 Q345 两相区变形实验[76]，采用在过冷奥氏体区及其邻近的两相区变形可以获得等轴超细晶铁素体组织；控轧获得的 9mm 板材铁素体晶粒细化到 4μm。钢铁材料的组织控制主要是通过热处理完成的[77]。热处理是以相变、析出和再结晶等为基础，而热处理加工则是组织控制的最有效手段。石淑琴等[78,79]阐述了超细晶超高碳钢的研究现状及展望和超细晶超高碳钢的超塑性研究；探讨了采用应变诱导轧制及应变诱导轧制与常规控轧技术相结合获得超细晶铁素体组织的可行性，研究了冷却速度对应变诱导铁素体晶粒长大的影响[80]：采用应变诱导轧制可显著细化铁素体组织，将应变诱导轧制技术与常规控轧工艺相结合所获得的超细晶组织更为理想；探索了在新一代钢中获得超细晶粒的方法[81]，通过低温轧制和应变诱导铁素体相变，可以在碳素结构钢中获得晶粒尺寸小于 5μm 的超细晶粒，屈服强度大于 400MPa。

G. Wilde 等[82]采用冷轧中间折叠的方法可以制备出 10nm 以下的面心立方和六方结构的金属或合金。T. Shanmugasundaram 等[83]冷轧制备了超细晶高强 Al-Cu 合金，抗拉强度达到 540MPa，伸长率 11%。B. L. Li 等[84]采用叠轧法对不同金属及合金进行大变形，获得各向同性组织。M. C. Chen 等[85]采用叠轧法制备 Al/Mg 复合材料，界面复合良好并获得超细晶，三道次后铝和镁合金晶粒尺寸分别为 875nm 和 656nm，硬度也得到提高。M. T. Pérez-Prado 等[86~89]通过大应力轧制获得高强商业铸造镁合金，并采用叠轧法细化镁铝合金。代秀芝等[90,91]采用常规的四辊冷轧设备对厚度为 2.5mm 的紫铜板经大变形多道次冷轧，最终轧成厚度为 20μm 的超细晶薄带材，铜材的晶粒尺寸由原始材料的 30μm 减小到 250nm；抗拉强度和显微硬度随着变形量的增大而增加。朱国辉等[92]对低碳管线钢通过优化轧制工艺使得奥氏体的动态再结晶发生在 $Z$ 参数较大的工艺条件下，获得超细的奥氏体动态再结晶晶粒尺寸，并提出了在多道次轧制过程中积累应变的条件以及避免混晶的技术路线。陈彬等[93]对累积轧合法的工艺作了介绍，并对其目前的研究现状和存在问题作了分析。魏伟等[94]通过等效应变、轧制压下量和轧制温升的理论分析以及纯铜的变形试验，室温 ARB 变形可以获得超细晶板带材，纯铜六道次 ARB 变形后，平均晶粒大小约为 0. 5nm。王耀奇等[95,96]在室温条件下对 L2 纯铝进行了十个道次的叠轧试验，晶粒尺寸可达 0. 77μm；材料的强度显著提高，但伸长率却急剧下降。管仁国等[97]在叠轧等效应变为 4. 0 的条件下得到了平均晶粒为 0. 5μm 的 Al-1% Mg 合金超细晶组织。魏坤霞等[98]利用室温累积叠轧制备超细晶纯铝，其中第 4 道次的材料综合力学性能较好。

上述叠轧法制备超细晶工艺研究结果表明，采用该方法控轧及控制退火工艺，可使钢在加工过程中晶粒得到细化，同时通过变形量的控制可使金属、合金等的晶粒大小细化到超细量级。

#### 1. 2. 7. 2　叠轧法制备的超细晶的组织与性能

荆天辅等[99,100]对淬火后组织为低碳板条马氏体的 Q235 钢板进行多道次大变形量（累积压下量达 93%）冷轧，随后进行时效和低温再结晶处理，制备出了高强超细低碳钢板，并分析了采用板条马氏体大变形轧制工艺制备超细晶钢板时的显微组织演变过程及其晶粒细化机制。方建敏等[101]采用累积叠轧焊工艺制备了超细晶组织不锈钢薄板，累积叠轧后材料中晶粒呈扁平状，抗拉强度显著提高。许荣昌等[102,103]实验研究表明，在普通热轧机上应用累积叠轧焊工艺对同种材料进行焊合，不仅可以获得连续、均匀的结合组织，而且使 Q235 钢的组织得到明显的细化，夹杂物分布更加均匀，Q235 钢和 L2 纯铝强度都得到提高，强加工引起的位错塞积对材料起到了强化作用。

N. Tsuji 等[104]研究了用叠轧法和其他方法制备块体超细晶材料，认为叠轧法是唯一应用于连续生产块体材料的深度塑性变形工艺，叠轧过程的轧制是变形过程和复合过程，重复这个过程可以实现块体材料的大塑性变形；他们还同时进行了利用叠轧法制备的超细晶

IF 钢的纳米尺度的晶向分析[105]，叠轧带材中的大多数拉长超细晶粒由高角度晶界包围，同时也阐述了叠轧带材的织构特征；他们还探讨了叠轧并退火后的超细晶铝铁的强度和延展性[106]，超细晶铝和铁的晶粒尺度为 200nm ~ 20μm，强度符合 Hall-Petch 关系，只有一小部分超细晶材料被均匀拉长，超细晶材料中受限的均匀延长可以用塑性不稳定来解释。K. Hiromoto 等[107]研究了叠轧过程中 Fe-28.5% Ni（原子分数）合金超细晶奥氏体向马氏体的转变。5 道次叠轧（$\varepsilon = 4.0$）超细晶层状奥氏体层间距离为 230nm。此时马氏体转变温度为 215K，比大晶粒奥氏体中马氏体转变温度 251K 低。超细晶奥氏体向马氏体转变有两种形貌：一种是马氏体沿轧向被拉长，像转变前的奥氏体；另一种是马氏体晶粒大约和轧向有 50°的角度。两种马氏体的厚度分别为 146nm 和 61nm。N. Rangaraju 等[108]研究了冷轧变形量和退火对商业纯铝的影响：在一定的压下量和退火条件下制备的超细晶具有高强度和韧性；随着电子散射中心数量的增加冷轧样品的导电性下降，但最佳冷轧和退火处理后导电性可以恢复；退火后冷轧纯铝的耐蚀性得到提高。H. W. Kim 等[109]采用叠轧法制备了超细晶铝合金，并研究了超细晶的组织及力学性能。A. L. M. Costa 等[110]对叠轧过程 IF 钢的细化和硬化进行了研究。

上述叠轧法制备超细晶材料的组织及性能研究表明，经过叠轧可以获得超细晶钢、铁、纯铝、铝合金等，同时使材料的强度和塑性得到提高，使用寿命也得到提高。

### 1.2.8 其他大变形制备超细晶

陈彦博等[111]探讨了一种连续等通道角挤压新技术，实现了纯铝的无限长度连续大变形，制备出具有超细晶结构的金属材料。运新兵等[112]将连续挤压技术应用于制备超细晶材料的等径角挤压工艺，解决了传统等径角挤压不能制备大尺寸超细晶材料的问题，该技术对超细晶材料的推广应用具有重要意义。

重复压缩-轧制法制备纳米级金属 Fe/Cu 多层材料[113]，通过将层厚为数十微米的金属多层材料重复地进行压缩和轧制处理制备了纳米级金属多层材料。试样的拉伸强度高达 1500MPa 以上，伸长率为0.8%左右。A. M. Hodge 等[114]采用纳米多层技术制备了纳米-超细晶高纯（99.999%）铜箔（厚度22μm），制备的超细晶铜的强度$\sigma_y$约为540 ~ 690MPa，比其他方法制备的超细晶铜材的强度都高。H. Petryk 等[115]模拟了多晶体大变形过程晶粒细化和应变硬化。

Y. Huanga 等[116]采用了一种新的大变形法——连续摩擦挤压法——制备超细晶金属带材。H. Conrad 等[117]对比研究了气相沉积、电沉积和等径角挤压制备的超细晶铜的流变应力敏感性。A. P. Zhilyaev 等[118]采用等径角挤压、高压扭转、等径角挤压和高压扭转复合三种大变形方法制备了超细晶纯镍，并研究了不同工艺下超细晶镍的晶粒度分布、织构分布、取向差以及界面表面能。H. Utsunomiya 等[119]采用联合连续剪切制备2mm厚超细晶1100铝合金带材。提出了一种在纯铜表面得到大面积亚微米细晶组织及晶粒表面硬化处理的新工艺[120]。在T2紫铜表面，利用连续摩擦压扭过程中产生的剧烈剪切塑性变形，使材料表面形成了一层厚为0.1 ~ 0.2mm，晶粒直径200 ~ 300nm的亚微米细晶组织，表面硬度比基材提高了1倍，压扭头行走速度和转速对变形区晶粒细化和硬化效果影响显著。杜随更等[121]提出了一种制备整块、全板厚超细晶板材的强冷摩擦搅拌工艺，利用搅拌头与基材之间摩擦搅拌过程的剧烈塑性变形条件细化金属晶粒，通过搅拌位置的机械移动制备整块的超细晶板材。同时，采用强制冷却方式抑制动态回复和再结晶晶粒的长大，提高晶粒细化效果。建立了该工艺过程中应变速率、应变量及加热功率的数学模型，优化了紫铜板材细晶制备工艺参数，增强冷却能减小晶粒尺寸和提高细晶材料的硬度。

研究原始组织结构对压缩变形制备超细晶钛合金的影响表明[122]，具有淬火马氏体组织的TC11合金在650℃，$6.5 \times 10^{-4} s^{-1}$条件下压缩变形应变量达1.2后，就会获得等轴均匀的亚微米晶组织，平均晶粒尺寸约为0.21μm；单一的马氏体组织比两相交替分布的片层组织更有利于超细晶的形成，但原始组织结构的差异对最终形成的超细晶组织的晶粒尺寸几乎没有影响。

范爱玲[123,124]等应用电铸法制备超细晶粒金属铜，对电铸工艺参数与形成的材料的微观组织的关系进行了探讨。电铸铜材料晶粒十分细小（晶粒尺寸在1～3μm范围），且内部晶粒的晶体取向沿材料的法线方向存在择优取向，即有丝织构的存在；同时，通过对电子背散射所获得的极图与反极图进行分析可知，丝织构受电铸液成分的影响。

V. Vladimir等[125]采用温挤和冷轧两步法制备超细晶纯钛，强度比一般钛合金如Ti-6%Al-4%V的强度还要高。B. Cherukuri等[126]对退火态商业AA-6061铝合金采用等径角挤压、多向压缩/锻造、叠轧等大变形方法进行加工（真应变都在4.0左右），三种加工方法过程中硬度具有相同的变化趋势，无论哪种大变形方法都不会影响该种合金的流变性。陈勇军等[127]介绍了往复挤压工艺的工作原理和模具结构，综述了该工艺的国内外发展现状，分析了往复挤压工艺的细化机制，并指出往复挤压工艺制备超细晶材料的发展方向。

上述几种大变形方法部分是在方法上对前几种大变形法能够连续生产制备超细晶或使制备的超细晶体积增大的改进，部分是在传统加工方法上的创新。

综上所述，大塑性变形是实现晶粒超细化，获得具有超细晶结构块体材料的最有效的变形方式。叠轧法工艺运用的主体设备简单，为常用的板带材轧机，产量大，产品质量稳定，因而是一种极具生产潜力，值得研究的使超细晶或纳米块体材料产业化的生产技术，但同时也应注意到叠轧法不具有剪切变形。叠轧法要具有剪切变形，其过程就必须是异步轧制过程，这样也可以获得累积剪切变形。

# 2 超细晶材料研究现状

当今超细晶材料的主要研究内容，首先是采用不同的制备技术获得不同的超细晶材料；其次是不同的制备超细晶方法制备过程中材料的组织演变过程，包括晶粒细化机制、织构演变过程、不同加工方法工艺参数对获得超细晶材料的影响等；再就是关于制备的超细晶材料的性能的研究。

## 2.1 制备超细晶方法的研究

第1章中已经介绍了不同的大变形制备超细晶材料的方法，每种制备方法都存在一定的问题，或在工艺上或是批量生产或在产业化方面。因此，许多研究者对自己提出的制备超细晶的方法进行了工艺或方法的改进。例如，对于等径角挤压法制备超细晶材料，制备的超细晶的体积受到模具和加工方法的限制，并且存在连续生产的问题。针对这一问题，许多研究者就进行了加工方法的改进，使等径角挤压过程能够连续进行[118,119]；对于高压旋转法制备超细晶材料，由于模具和工具的限制，其形状一般只能为圆盘，厚度也不能太大，同时产品数量有限。这些不足限制了高压旋转法的发展。有的研究者另辟蹊径，让材料不受模具的限制，采用强冷摩擦搅拌工艺[120,121]，利用搅拌头与基材之间摩擦搅拌过程的剧烈塑性变形条件细化金属晶粒，通过搅拌位置的机械移动制备整块的超细晶板材。因此，超细晶材料目前的主要研究内容之一就是关于制备超细晶方法的研究。

## 2.2 制备超细晶材料组织演变过程的研究

不同的制备超细晶方法，其制备过程材料是如何得到细化的？通过了解细化过程组织的变化情况以及不同工艺参数对组织细化的影响机制，可以改变工艺条件，获得组织均匀、性能良好的超细晶。制备超细晶材料的组织演变过程主要包括晶粒细化机制、再结晶过程和织构演变过程等。

### 2.2.1 晶粒细化机制

目前国内外的研究表明，许多制备方法可以获得超细晶材料，但不同方法制备超细晶材料的过程中组织如何变化、超细晶如何得到？仍然不是很清楚。在各种制备方法中只有等径角挤压法对晶粒细化机制的研究比较透彻，其他大变形法制备超细晶材料的晶粒细化机制都还处于探讨研究阶段。

R. Z. Valiev[32]认为等径角挤压法过程中显微组织演化一般分为三个阶段：第一阶段，粗大晶粒被破碎成一系列具有小角度界面的亚晶，亚晶沿一定方向拉长呈带状结构，晶粒尺寸明显从几百微米细化到几微米甚至亚微米级；第二阶段，亚晶继续被破碎，但显微结构呈现部分等轴晶，且开始出现大角度界面；第三阶段，观察不到任何亚晶带，微观结构主要为大角度晶界的等轴晶，且晶界位向差随剪切应变量的增加而增大。杨钢等用实验方法研究了工业纯铁在等径角挤压变形过程中晶粒细化过程[128]。经四道次剪切变形后开始出现纳米级晶粒。晶粒细化过程为：原始粗晶粒—晶粒被剪切变形带分割—位错线分割滑移带—位错线发展为位错墙，把变形带分割成细小的亚晶—亚晶界的位错密度增加—形成大角度晶界的纳米晶粒。经六道次剪切变形后，纯铁的晶粒尺寸约为300nm。A. Mishra等[129~131]采用等径角挤压制备超细晶铜，建立了制备超细晶铜组织演变过程的模型，分为四个阶段：同类位错分布；拉长亚孔和亚晶的形成；亚晶破碎成等轴单元；晶界锐化和最终等轴细小晶粒形成。汪建敏等[132,133]论述了采用等径角挤压法制备超细晶材料的基本原理和组织演化过程：紫铜棒多道次等径挤压后，原始晶粒中产生了大量位错缠结和位错胞，随着挤压道数的增加，由原来被拉长的显微组织逐渐变成等轴显微组织。挤压四道次后，变形织构消失，挤压六道次后，位错胞崩塌变成为亚晶或晶粒，之后，晶界会不断增厚以及晶粒旋转，使亚晶变成大角度均匀的等轴超细晶，并经十道次挤压得到均匀等轴的超细晶。

O. D. Sherby 等[134]针对细晶高铝超高碳钢的变形机理进行了大

量的研究。根据应变敏感指数 $m$ 的不同，主要提出三种变形机理：（1）$m=1.0$，变形机理为位错滑移运动调节的晶界滑动模型，位错滑移运动受溶质拖曳扩散控制。$\varepsilon$ 与 $\sigma$ 呈线性关系。（2）$m=0.5$，变形机理为位错攀移运动调节的晶界滑动模型，晶界滑动由位错攀移速度所控制。位错攀移受晶格扩散控制，相对溶质扩散困难，激活能高。$m$ 值介于 0.5～1.0 之间时，变形机理为过渡模型，位错攀移向位错滑移过渡。（3）$m=0.33$，变形机理为溶质拖曳位错蠕变模型，高应变速率下，溶质扩散难以进行，变形过程主要受位错蠕变控制。

### 2.2.2　织构的研究

一个整块多晶材料中，各晶粒的取向通常是无规则分布的。但金属材料在进行塑性变形并达到一定的变形程度以后，各晶粒内晶格取向发生了转动，使其特定的晶面和晶向趋于排成一定方向，从而使原来位向紊乱的晶粒出现有序化，并有严格的位向关系，结果大多数晶粒取向聚集到某些特定方向上来，形成织构。在变形过程中，加工材料由于受到应变或再结晶处理，内部晶粒的取向将发生改变而形成织构。织构的形成对材料的性能会产生重要的影响，因而对超细晶材料内部织构的研究显得十分重要。通过对制备的超细晶材料织构的研究，可以改进制备过程工艺条件，控制织构的形成，从而获得各向异性、性能良好的超细晶。而要控制织构的形成，首先要了解各种织构类型。近年来有关的研究工作进展得很快，其中，在形变织构和再结晶织构方面的研究最为活跃。

#### 2.2.2.1　轧制织构

许多金属经过轧制变形后生成轧制织构。面心立方金属中出现的轧制织构主要有 $\{011\}\langle 211\rangle$、$\{123\}\langle 634\rangle$、$\{112\}\langle 111\rangle$ 以及 $\{110\}\langle 001\rangle$，通常，这几种织构组分会存在于同一冷轧板内，每种组分的多少与金属的层错能有很大关系。一般来说，层错能高的金属（如铝），其织构的 $\{112\}\langle 111\rangle$ 组分较强，而 $\{011\}\langle 211\rangle$ 组分较弱；反之，层错能低的金属（如铜-锌合金及纯银），其冷轧织

构内基本上只有 {011}〈211〉组分。体心立方金属中出现的轧制织构主要有{112}〈110〉、{111}〈110〉、{111}〈112〉以及{001}〈110〉。各织构组分的强弱受材料化学成分的影响很大[135]。

#### 2.2.2.2 再结晶织构

再结晶织构是指形变金属在再结晶过程中形成的择优取向。再结晶织构对材料的性能有着重要的意义。一般来说，再结晶引起材料织构发生很大变化，而且再结晶织构常常以某些特定的取向关系与形变织构联系起来。再结晶过程中金属组织的变化方向取决于系统能量降低的倾向性以及过程的某些内在不均匀性所产生的驱动力。这一过程符合系统自由能向降低的方向变化的热力学原理，是通过一次再结晶形核的热激活以及靠消耗变形基体和其他晶核的长大来实现的。在形核的最初阶段发生位错滑移，其后期则与位错攀移、大角晶界的迁移、原子的协同位移以及单个原子的扩散有关。为人们所接受的再结晶织构形成理论主要有定向形核理论、定向生长理论和定向形核-定向生长的综合理论。

定向形核理论认为：再结晶织构是由在一个窄小的取向区域的晶核生成并生长所致。核心仅以与形变织构成某一特定的位向而形成，并且只有非随机取向晶核才能生长成主要的晶粒取向，所有新晶粒向基体中生长的速度相同。该理论在处理再结晶晶粒和形变基体间的位向关系时认为，再结晶晶粒取向的择优是被一些晶核的取向所左右。该理论的局限性在于不能够很好地解释在实际金属中经常出现的再结晶过程中织构变化的现象。

定向生长理论认为：严重形变的金属中存在着数目众多的各类取向的晶核，但只有那些与形变位向合适的晶核才能获得最大的迁移率，从而抑制其他取向的晶粒生长而形成再结晶织构。大量的实验表明，具有以下位向关系的新晶粒具有较大的生长速率：对于面心立方金属为40°〈111〉关系；对于体心立方金属为27°〈110〉关系；对于密排六方金属为绕〈0001〉旋转约30°。定向生长理论是建立在许多实验基础上的，并能很好地解释许多现象。然而，与定向形核理论一样，由于再结晶过程的复杂性，该理论也无法解释很多情况下的再结晶过程。

鉴于以上两种理论具有一定的互补性，人们自然地提出了再结晶织构形成的综合理论，即定向形核-定向生长理论。该理论认为形核过程支配了一些有效的取向区域，而与取向有关的生长率则进一步在这些有效取向区内作定向生长。

#### 2.2.2.3　制备超细晶过程中变形和织构的变化

在用不同方法制备超细晶材料的过程中，材料的变形条件是不同的。因此，变形过程和织构的形成及变化过程也不同。

A. A. Gazder 等[136]采用等径角挤压制备超细晶 IF 钢和铜，并对制备过程织构和组织的变化过程进行了研究。两种材料的织构具有相似的剪切变化。组织观察表明，层状界面的取向为体心立方和面心立方结构的滑移面。四道次后 IF 钢和铜的晶粒尺寸分别为 230nm 和 170nm。S. Li 等[137~139]对 A 通道等径角挤压八道次纯铜的织构演变过程进行了研究。织构的发展和预期的取向接近，满足多晶体塑性变形模型；同时研究了等径角挤压无间隙钢的组织及织构演变过程，包括角度和路径的影响。J. De Messemaeker 等[140,141]对 IF 钢等径角挤压后的织构进行了分析，研究了亚微米 IF 钢的晶界强化。S. Ferrasse 等[142~144]研究了等径角挤压过程中织构的发展，包括路径、挤压道次、退火以及原始织构的影响，并分析了轧制在等径角挤压 Al10.5Cu 合金过程中对织构的影响。

对于异步轧制，剪切变形中除常见到 C {112}〈110〉 织构外，还出现旋转立方织构 {001}〈110〉。根据人们对再结晶织构形成规律的研究，普遍认为再结晶立方织构的形成主要是择优形核和择优长大机制，并且与形变组织中的立方过渡带[145]有关。王昭东等[146]对 IF 钢在热轧和退火后的织构进行了研究。张锦刚等[147]对异步轧制 IF 钢的冷轧 γ 织构进行了测试分析，结果表明随着冷轧压下量的增加，快、慢辊侧的 γ 织构组分均明显增强；异步轧制的速比显著影响 γ 织构组分的强弱。

金属的再结晶是形核和晶核长大的过程，而金属在轧制后会存在以轧制织构为主的变形织构，在有织构的变形组织内什么取向的核能够生长，并能较快的长入何种取向的变形晶粒内决定了再结晶后的织构类型，这不仅很大程度上受到冷变形金属化学成分、变形量和随后加热工艺条件的影响，而且尤其要受到变形晶粒取向即变形织构的影响。因此，了解变形过程及再结晶过程织构的变化对再结晶形核机制及晶核长大机制有很大的帮助。对于大变形异步叠轧法制备超细晶铜材，了解变形过程织构以及再结晶过程织构的发展对制备超细晶的晶粒细化机制有很大帮助。

## 2.3 超细晶材料的性能研究

从理论上讲，超细晶材料因其结构特征具有良好的物理性能和力学性能，而实际制备的超细晶材料性能是否和理论相符，同时具有优良的性能也成为诸多学者关注的内容，因此，研究人员对每种制备方法获得的超细晶的物理性能和力学性能进行了研究。

晶粒细化到亚微米级时，其物理性能也会发生显著改变，例如居里温度、德拜温度、磁性、弹性模量、扩散系数等[148]。R. Z. Valiev 认为材料经过大剪切变形后晶粒中的原子排列呈现一定的非周期性，从而降低了居里温度和磁饱和率。大剪切变形后，晶界周围的原子发生错排使晶界处的晶格振动频率降低，从而使德拜温度降低。V. M. Segal 的研究表明 ECAP 后弹性极限和弹性模量的温度系数都增加。

另外，关于超细晶材料力学性能的研究，在前面制备方法中已经详细论述。可以说，材料从粗晶粒变化到超细晶尺寸，强度和韧性得到提高，部分材料的室温塑性下降；在特定的温度和应变速率下，大部分超细晶材料具有超塑性；超细化后材料的疲劳寿命降低，但退火后疲劳寿命得到恢复。

## 2.4 超细晶材料的研究现状分析

综上所述，在已有的深度塑性加工方法制备超细晶中，等径角挤压、沙漏挤压、高压旋转受到模具限制，使得制备的块体材料体积受到限制，且加工过程不连续，从工艺上就限制了其大规模生产；折皱-压直法引入了轧制的概念，摆脱了模具的限制而且使生产连续化，但其轧辊加工难度大、磨损大且由于可能在轧制时出现宽展，因而不能保证试样的侧面质量，也不能成为理想的方案。针对不同加工方法存在的问题，研究者在制备工艺及方法上进行改进，提出了许多改进的制备超细晶的方法，如连续等径角挤压法、连续摩擦剪切法等。因此，超细晶制备方法的改进与研究是当前超细晶材料的主要研究方向之一。

目前的研究表明：不同的超细晶材料制备方法可以获得超细晶材料，但不同方法制备超细晶材料的过程中晶粒如何细化，细化过程中组织如何变化，仍然没有规律可循。因此，制备过程中超细晶材料的组织演变过程（或晶粒细化机制）已成为目前超细晶材料研究领域的主要方向之一。

不同方法制备的超细晶材料由于制备方法的不同，制备过程中组织变化不同，因此超细晶材料的性能也不同。晶粒细化后，理论上可以获得高强度、高塑性、物理性能优异的工程材料，但实际制备的超细晶材料的性能如何，性能是否与理论推导相符合，也成为超细晶材料研究领域的主要研究内容之一。

# 3 大变形异步叠轧制备超细晶材料原理与技术

大变形异步叠轧法主要结合了累积叠轧和异步轧制这两种技术方法的特点。累积叠轧技术在前面已经论述，以下主要介绍异步轧制技术方面的研究工作，同时介绍大变形异步叠轧技术的原理，以及在制备超细晶材料方面的原理与技术特点。

## 3.1 异步轧制及其制备超细晶材料的研究现状

异步叠轧技术是在轧制方式上不同于普通叠轧的制备超细晶的方法，具有常规轧制的特点，是一种优于叠轧法，能够有效降低轧制压力、增大变形量、提高产品精度的轧制方法，能够实现超细晶带材的连续化工业生产，具有很好的应用前景。

## 3.2 异步轧制原理

异步轧制技术是 20 世纪 60 年代兴起的板带材轧制生产技术。异步是指轧辊的线速度的不同，线速度的不同可以通过改变上下轧辊直径、上下辊轧制速度或同时改变上下轧辊直径和轧制速度来实现。

异步轧制法的技术原理如图 3.1 所示，由于上下两个辊半径（$r_1$、$r_2$）不同，轧辊接触的金属流动的线速度也不同。这就形成了在变形区内摩擦力方向不同的搓轧区：Ⅱ区，并行的几何中心层与实际中性层不重合（同步轧制时两个面重合）。Ⅱ区的搓轧是上下辊的前后滑区由于流动速度差异而错位，从而形成有金属交错流动的区域；而几何中心层（即叠合面）由于叠合面与实际中性层不重合，将促进两层金属在塑性变形区内相互摩擦和交融，在促进界面复合的同时，也加剧内部晶粒的相互摩擦作用。

从异步轧制原理可以得出，异步叠轧是利用两个工作辊面不同的表面线速度，改变金属沿辊面的滑动方向，即摩擦力的方向，在

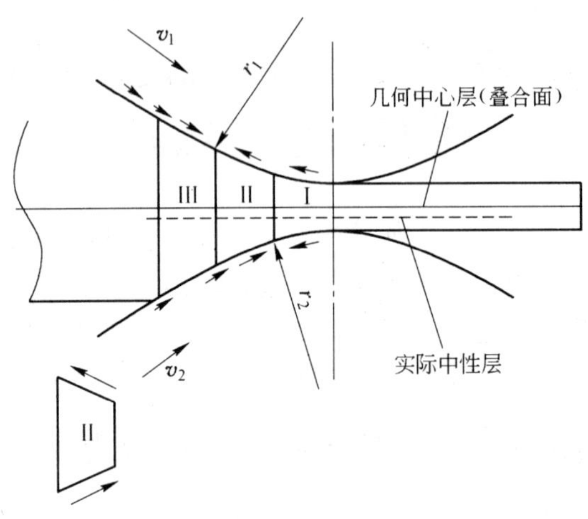


图 3.1　异步轧制法技术原理示意图

变形区内发生剧烈的剪切压缩塑性变形。利用该剧烈的剪切压缩塑性，以及多道次累积轧制，可以获得理想的累积等效真应变，在保持带材厚度的前提下，实现有限道次内消除复合界面，获得超细晶结构。

## 3.3　异步轧制的研究现状与发展

### 3.3.1　异步轧制在取向硅钢中的研究

在取向硅钢研究方面，刘刚、高秀华、贺会军等[149~158]主要研究了异步轧制在取向硅钢中的应用研究。研究表明：剪切变形使取向硅钢磁性能峰值产生偏移，有利于改善磁性能，并使磁性能峰值向中间厚度和最终厚度减薄方向偏移；成品厚度对取向硅钢磁性能有一定影响（原因是高温退火过程中二次再结晶晶粒不能完全长大）；异步轧制对取向硅钢磁性能的提高有利，适宜取向硅钢薄带的生产；异步轧制下，作用于搓轧区上的剪切应力能够有效地改善板材心部的织构组态，并在板亚表层附近相对较大的区域内形成了理想的冷轧织构；退火板材内重新形成了取向集中的 Goss 织构，其磁性均不低于常规轧制；速比和张力对织构和磁性的影响不大，可在一定的范围内选择；在同步、异步组合轧制方式下，冷轧薄带的变形织构与一般常规冷轧板的相同，但沿板厚呈现了不对称分布；速比对冷轧样品的表面及靠近快速辊侧的区域影响较小，但对心部的影响较大。羊忆军等[159]采用累积叠轧焊法制备超细晶硅钢薄板，累积叠轧后材料晶粒呈扁平状，抗拉强度显著提高。硅钢断口边缘呈现解理断裂的“河流花样”，心部存在少量的韧窝。金自力等[160,161]分析和讨论了四种普通冷轧无取向硅钢的成分、组织、织构对磁性的影响，并从基础理论方面讨论了冷轧无取向硅钢的热轧、终轧温度和层流冷却条件对轧件织构形成的影响及冷轧压下率和冷轧轧制形状参数对其再结晶织构的影响。M. Takashima 等[162]采用两次冷轧法（中间退火温度为640℃）能够增强无取向硅钢中的{001}〈210〉织构。高秀华等[163]分别采用同步和异步轧制将成品工业取向硅钢板冷轧到 0.045 ~0.10mm，然后在纯氢气热处理炉中进行三次再结晶高温退火。结果表明，采用异步轧制取向硅钢极薄带的磁性能优于同步轧制的，硅钢极薄带厚度愈薄磁性能愈好，三次再结晶发展得越完善。

异步轧制在取向硅钢中的研究分析表明，异步轧制后使取向硅钢中部分晶粒取向聚集到特定的位向，产生特定的织构，改变了硅钢的磁性分布，同时提高了硅钢的磁学性能。

### 3.3.2 异步轧制在其他钢中的研究

在其他钢的研究方面，曹利华等[164]研究表明异径异步轧制薄带技术具有降低轧制压力与功率，减少带钢厚度波动，提高产品厚度精度和板形精度等优点；陈爱平等[165]进行了冷轧窄带钢异步轧制工艺研究及试生产，介绍交流传动冷轧带钢机异步轧制新技术；杨忠民等[166]通过在 Gleeble-2000 热变形模拟机上的模拟实验，研究了低温变形条件下的工艺参数对普通低碳钢 Q235 获得微米级超细晶组织影响规律；张才国等[167]进行了同步轧制与异步轧制 B3F 钢的正电子寿命研究，说明了异步轧制可以减小轧制力，提高力学性能；样品的抗拉强度与正电子寿命之间存在着一定的关系；刘岳华等[168]进行了异步轧制对 65Mn 带钢质量影响机理的探讨；郑文光等[169]就窄带钢异步冷轧时的轧辊热凸度及各力能参数对带钢横向厚度分布的影响进行了生产现场综合测试，并结合轧辊热变形及辊系变形理论，用有限差分法和影响函数法作了相应的计算分析，计算结果与现场实测值基本吻合。

异步轧制应用在硅钢以外其他钢中，降低了轧制压力和功率，同时减小了带钢的厚度波动，提高了产品厚度精度和板形精度以及力学性能。

### 3.3.3　异步轧制在双金属或多金属复合方面的研究

在复合异步轧制方面，李立新等[170]进行了固相异步轧制复合双金属材料工艺条件的确定，得到了异步复合轧制压力及产品结合强度的回归表达式，建立了多目标最优化模型；借助实验结果[171]得到固相轧结铜铝铜双金属复合材料时的轧制功率、快慢辊侧轧制力矩之比以及产品剥离强度的回归表达式，建立了多目标最优化模型；并进行同步及异步固相轧结铜铝铜复合材料的比较研究[172]，异步轧制较同步轧制能提高产品的剥离强度，同时降低轧制压力及轧制能耗，但两辊侧的轧制力矩存在较严重的不均匀分配。异步轧结铝钢双金属的实验研究[173]，证实异步轧制金属复合材料比同步轧制时的轧制压力和轧制功率低得多，且其结合强度得到明显的提高；异步轧结双金属复合材料轧制力矩[174]研究了异步轧结铝钢双金属复合材料时轧制力矩的分配特性。林大超、史庆南等[175~178]研究了精密复合带材异步轧制工艺中的变形关系，包括轧件组元间的变形关系、轧件的弯曲变形方程和复合界面的变形方程，同时指出用异步轧制金属固相复合可降低轧制压力，板形也较同步轧制好；对双金属轧制复合技术中的热轧复合、等辊径等辊速冷轧复合和异步冷轧复合三种主要的工艺方法进行了扼要的介绍，提出未来研究工作的方向；并对铜/钢双金属板异步轧制复合机理进行了研究：轧制变形程度和退火温度是控制界面形貌的主要因素，异步轧制复合有不同于室温固相复合的结合机制。张永福等[179]进行了双金属固相复合异步轧制新工艺的研究，异步轧制对双金属固相复合有特殊的优越性，采用此工艺可以在一般的四辊轧机上轧出宽板带复合双金属，此工艺可以应用于双金属固相复合的工业生产中。

异步轧制应用于复合异步轧制方面，能提高产品的剥离强度，同时降低轧制压力及轧制能耗，板形也比同步轧制好，但两辊侧的轧制力矩存在较严重的不均匀分配。

### 3.3.4 异步轧制在有色金属及合金方面的应用

在有色金属及其合金研究方面，国内李尧[180]研究了异步轧制对3004铝合金变形织构及制耳率的影响，异步轧制和同步轧制板的主要变形织构是相同的，均为纯铜型织构，但异步轧制产生的变形织构较同步轧制的强度高，且随异步轧制定比的提高而增强。同时，异步轧制的板材中还出现｛001｝〈110〉织构。另外，在相同压下率的情况下，异步轧制板材的深冲制耳率均大于同步轧制的制耳率。赵骧等[181]进行了退火时间对单向异步轧制70-30黄铜再结晶织构的影响的研究，各层再结晶织构存在明显的宏观统计不对称性，是由形变织构的不对称所致，随着退火时间的不断延长，宏观统计不对称性逐渐增强，待再结晶结束后趋于稳定。吕爱强等[182]研究了异步轧制对高纯铝箔冷轧织构的影响，异步轧制与同步轧制的冷轧织构有较大差异，高纯铝箔在异步轧制下慢辊和快辊两侧的织构类型明显不同；同时研究了异步轧制高纯铝箔冷轧织构沿板厚的分布规律[183]，在异步轧制下，快、慢速辊侧之间的各中间层的织构类型不同。速比为1.28，形变量为99.2%时，随厚度的增加，呈现出极有规律的变化：｛100｝丝织构含量近线性减少，而｛112｝、｛102｝、｛123｝丝织构含量近线性增加。当形变量为99.2%时，在不同速比下｛001｝丝织构含量沿厚度变化趋势不同：速比1.28时，呈现出近线性递减；速比1.17和1.06时，总的趋势也是递减，且在厚度$d=0.04$mm处有最小值。陈扬等[184~186]研究表明6111铝合金冷轧后主要轧制织构组分均为Copper织构组分、S织构组分和Brass织构组分；冷轧过程中，在一定条件下会产生较强的旋转立方织构，而且继续轧制时，随着轧板的减薄，旋转立方织构会迅速减弱而Copper、Brass、S等正常轧制织构组分迅速增强。此外，在总轧制形变量相同的条件下，随着道次压下率的提高，轧制织构减弱。黄涛等[187~190]采用不同速比的异步轧制技术对99.99%的高纯铝板进行不同形变量的冷轧，并对冷轧样品进行不同温度和时间的再结晶退火，高速比的异步轧制在样品中产生相对较强的旋转立方织构{001}〈110〉；异步轧制后退火的高纯铝箔样品中，立方{001}〈100〉织构组分的再结晶晶核的形成和长大存在一个临界转变温度，此温度与异步轧制的速比成反比；异步轧制有利于降低高纯铝箔的再结晶温度，这与异步轧制提高高纯铝箔的形变储能有关。邓运来等[191]运用取向分布函数（ODF）研究了每个轧制道次的剪切变形特征对高纯铝箔轧制织构的影响，提出用中性角的相对大小来量化轧制剪切变形作用方向改变的位置，运用 Taylor 晶体塑性变形理论模拟计算了中性角的相对大小对轧制织构演变的影响。实测与模拟的轧制织构特征表明：中性角靠近轧制变形区的中心位置有利于形成{001}〈110〉剪切织构，从而证实了除剪切变形的程度外，剪切变形方向改变的位置也是影响高纯铝箔轧制织构的重要因素。张德芬等[192,193]研究表明：3004 铝合金在70% ~95%冷轧形变范围内，形变织构均由C{112}〈111〉、B{110}〈112〉、S{123}〈634〉织构组分组成；当形变量增加到90% ~95%以后，其取向密度基本稳定在 7 级。冷轧形变量对 3004 铝合金再结晶织构有明显影响，并探讨了不同形变模式（同步轧制、异步轧制和双向异步轧制）对 3104 铝合金板微取向流变的影响。

异步轧制应用于有色金属及合金方面，主要是异步轧制后的织构分布不同于同步轧制，异步轧制剪切变形程度和剪切变形方向位置的改变对织构的影响很大。

### 3.3.5 异步轧制的工艺、能耗、力学及摩擦学方面的研究

关于异步叠轧的工艺、能耗、力学及摩擦学方面的研究，何欣、计伟志等[194,195]的研究表明，在同等变形程度条件下，异步轧制比同步轧制压力降低，而变形量相对增大；高宏等[196]利用激光毛化技术在普通冷带轧机上实现异步轧制，用这种方法实现异步轧制无需改造轮机，工艺简单、成本低廉、生产方便。于九明等[197]研究表明，异步连轧可以增大延伸，减少道次，改善厚度精度，提高生产效率。

李尧等[198]认为异步轧制时，平均单位压力下降是由于异步轧制改变了变形金属体内的应力状态，不产生塑性变形的静水压力。最后指出，无论是采用同步轧制还是异步轧制，使金属发生塑性变形的能量不变。赵正才等[199,200]提出了全异步轧制计算单位压力、平均单位压力和总压力的新公式，有较高的精确度，并提出了无张力冷轧薄板异步轧制的无摩擦峰理论，得到了计算异步区大小的公式、单位压力沿接触弧分布的公式、轧制力的公式，理论计算轧制力和实验结果十分接近。刘守华等[201]进行了薄带异步冷轧时轧机颤振研究，对异步冷轧机的颤振进行了系统分析与研究。王铭宗等[202]系统地研究了延伸（压下）系数、张力和异步比等可控工艺参数对S异步轧制产品力学性能的影响，所得结果可作为预报或在线控制产品力学性能的依据；同时进行了异步轧制变形区单位压力纵向分布的实验研究[203]，异步轧制单位压力分布仍具有峰值；搓轧区占变形区比例越大，异步轧制的降压效果和摩擦峰的削减作用越大；异步轧制厚度小于1mm的黄铜带时，两辊侧单位压力分布基本相同，但在无张力异步轧制时，普遍存在两辊侧单位压力分布不对称现象；徐秋实等[204]从异步单机连轧塑性变形区的特点出发，推导异步单机连轧机轧制压力公式。白光润等[205~209]研究表明，异步交叉轧制变形区的显著特征是轧件受到纵横双向剪切变形作用，异步比和交叉角的综合作用促使变形区应力分布得以均化，这是异步交叉轧制能够显著提高板形控制能力并降低轧制能耗的内在原因；分析了轧制过程中支承辊和工作辊轴向力的形成特点，研究了各因素对轴向力影响的基本规律，并观察了轧件的运行特点。林原茂[210]研究了异步冷轧薄件单位压力上界解；李立新[211]通过实验得出轧制及平整方式（同步或异步）对带材深冲性能无明显影响的结论，从而为采用异步轧制及异步平整工艺生产深冲板带材提供了理论依据。郑文光[212]进行了异步冷轧轧制力矩的理论及实验分析，用辊系力矩分析法，建立了支持辊传动四辊冷轧机异步轧制力矩的理论计算结构式。齐克敏等[213]从理论及实践上阐述了异步轧制极薄带材的变形机理，振动种类及振源，以及实践的效果，为异步轧制展现了新的前景。

H. Gao 等[214]采用轧辊和轧板之间不同的摩擦系数进行异步冷

轧，随着摩擦系数增加，剪切变形区变长；随着摩擦系数的增加轧制压力下降；当道次压下率增加，剪切变形区也变长，轧制力增加。M. Kadkhodaei[215]等观察了异步轧板截面剖面图的剪切应力非均匀分布。J. S. Lu[216]等采用有限元模拟了异步轧制过程不同工艺参数对获得的产品挠度的影响。A. Swiatoniowski[217]介绍了轧机数学模型的概念和轧制工艺，创新之处在于引入了载荷力函数，包括轧机的震颤和金属塑性变形过程中的轧缝。这个模型已经成功地应用于异步轧制工作辊刚性参数的动力学分析中。G. Y. Tzou[218,219]等研究了异步冷轧的最小厚度。

异步叠轧的工艺、能耗、力学及摩擦学方面的研究表明：异步轧制具有许多优点，对同步轧机进行异步改造比较简单方便；异步轧制时平均单位压力下降；异步轧制时存在异步交叉轧制变形区，因此提高板形控制能力并降低轧制能耗；异步轧制时轧辊和轧板之间摩擦系数增加使得轧制压力下降，剪切变形区变长。

综上所述，由于异步轧制的特点，将其用于进行超细晶金属材料的制备与加工的优点是：可以提高产品的剥离强度；可以降低轧制能耗；可以提高结合强度；同时由于异步轧制完全消除了外摩擦的阻碍作用引起的轧制压力的增加部分，因而与常规轧制相比，异步轧制可以显著降低轧制压力，获得大延伸，提高了轧机的轧薄能力和生产效率，轧制精度亦可明显提高。因此，异步轧制法在未来生产中将占有很大的比重。

## 3.4 异步轧制在制备超细晶方面的应用

通过查阅国外资料发现，关于异步轧制法制备超细晶材料的研究很少，只有 H. Jin 等[220]采用异步轧制并进行退火处理制备了超细晶铝镁合金和 AA5754，制备的超细晶具有两种晶粒结构：20% ~ 45% 的粗晶粒引入超细晶结构，提高了超细晶的拉伸延展性。还有 Y. H. Ji 等[221]采用刚塑性有限元法研究了不同轧制速度在制备超细 Mg-3% Al-1% Zn 板材过程中的变形机制。W. J. Kim[222]等通过采用上下辊不同的辊速进行异步轧制，单道次压下率 70% 后获得 1.4μm 的超细晶。轧制过程中基本的纤维织构明显减弱，获得的轧板具有高的屈服强度和伸长率，同时对比了该种方法制备的超细晶板材与传统冷轧以及等径角挤压制备的 AZ31 合金的霍尔-佩奇关系，这些研究制备超细晶方法主要还是异步轧制法。关于异步叠轧法制备超细晶的研究除本书研究外还未见相关报道。大变形异步叠轧法综合了异步轧制和累积叠轧法两者的优点，因此，预计在制备超细晶以及连续生产方面具有良好的优势，也具有创新性。

## 3.5 大变形异步叠轧过程特征

### 3.5.1 搓轧区的形成及大小

材料进行异步单道次叠轧时的塑性变形特征如图 3.2 所示。

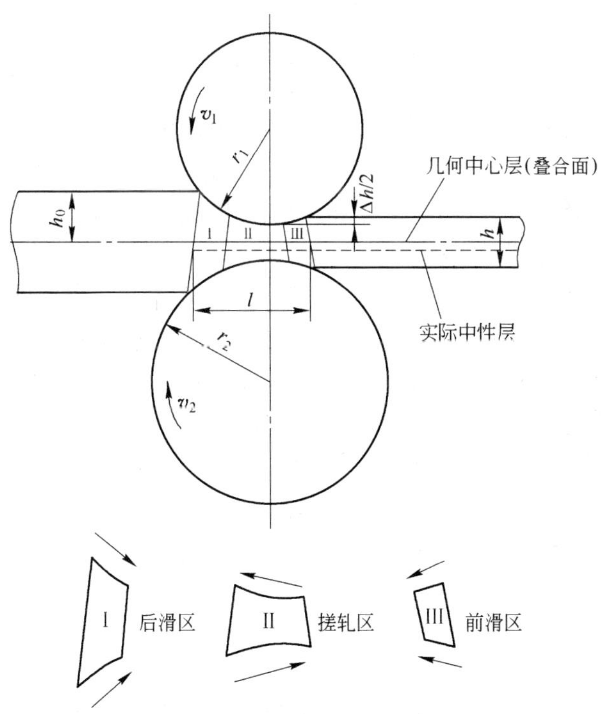


图 3.2 异步叠轧技术原理示意图

从图3.2中可以看出，异步叠轧时，由于辊径不同（本书中采用异径轧辊实现异步叠轧，异步比1.08），当上下辊的转动速度相同时，其轧辊表面线速度不同，当轧件与轧辊接触时，与轧辊接触的金属流动的线速度就不同，从而在变形区内形成了与摩擦力方向不同的搓轧区，搓轧区的上、下接触面摩擦力方向相反。实际异步轧制过程中，剪切应力的分布从快速辊一侧向慢速辊一侧逐渐变小，慢速辊一侧剪切力值的正负取决于异步比、压下量等因素。异步叠轧时，变形区分为后滑区、搓轧区及前滑区。实际异步叠轧过程形成的搓轧区的形状不是固定不变的，随异步值、辊径和压下率的不同而改变形状。

异步叠轧过程变形区域搓轧区的大小、是否出现前滑区和后滑区及其前滑区和后滑区的大小主要取决于异步比 $i$（$i=v_K/v_M$，其中，$v_K$、$v_M$ 分别为快、慢速辊的线速度）、轧件的道次伸长系数 $\mu$（$\mu=l/L$）和轧件在慢辊侧的前滑值 $S_M$（$S_M=v_h/v_M-1$，$v_h$ 为带材出口线速度）。当 $\mu>i$，$S_M=i-1\leqslant\mu-1$ 时，变形区由后滑区和搓轧区组成；$\mu>i$，$i-1<S_M<\mu-1$ 时，变形区由前滑区、搓轧区和后滑区组成；当 $\mu=i$，$S_M=i-1$ 时，变形区只由搓轧区组成；当 $\mu=i$，$S_M<i-1$ 时，变形区由后滑区和搓轧区组成。根据 $\mu$、$i$、$S_M$ 的不同可以出现若干变形区组成状态。

本书实验过程异步比 $i=1.08$，异步叠轧前铜材的长度为10cm，经过二道次、三道次、四道次、五道次、六道次异步叠轧变形后，铜材长度分别为24cm、23cm、22cm、22cm、21cm，此时轧件的道次伸长系数 $\mu$ 分别为2.4、1.92、1.91、2、1.91。因此，无论进行几道次的异步叠轧，$\mu>i$，$S_M=v_h/v_M-1=0.041\approx i-1$，说明本大变形异步叠轧实验过程变形区由后滑区和搓轧区组成。变形区的长度不考虑轧辊和轧件的弹性变形，可以用简单的公式（3.1）[223]来计算：

$$l=\sqrt{\overline{R}\Delta h} \tag{3.1}$$

式中，$l$ 为变形区长度；$\overline{R}$为等效辊半径；$\Delta h$ 为压下量。计算后变形区的长度约为6.9mm。

异步叠轧铜材时，异步叠轧前长度在 10 ~ 12cm，变形区长度约为6.9mm，经过异步叠轧后长度在21 ~24cm。

### 3.5.2 异步叠轧搓轧区的形成对界面复合的影响

同步轧制时，上、下接触面上的切应力方向相反，并且中性面在两轧辊的几何中心，同时，在变形区内金属的塑性流动是以板厚中心面为中心沿高向呈对称分布的。异步叠轧当轧件通过搓轧区时，金属在该区的塑性流动发生变化。在图 3.2 中可以观察到，经过变形区，剪切应力的作用使实际中性层位置偏离几何中心层，那么，在叠合面上两层金属之间除过压缩应力在焊合过程中起作用外，搓轧区剪切应力的存在使得上下两层金属之间发生流动，同时，上下两层金属之间沿高向的塑性流动不对称。这种剪切应力的存在也使得金属内部的晶粒在变形过程中沿高向呈某一角度发生滑移，发生滑移的部分区域互相渗透，使得异步叠轧过程叠合面处两层金属之间相互啮合。

由于上下辊的前后滑区因流动速度差异而错位形成搓轧区，使得金属经过该区时塑性流动发生改变，同时，几何中心层不再是叠合界面，而是图中的实际中性层。那么，在实际的异步叠轧过程中，由于几何中心层（即叠合面）与实际中性层不重合，将促进两层金属在塑性变形区内相互摩擦和交融，促进界面复合，同时也加剧内部晶粒的相互摩擦作用。因此，异步叠轧的作用首先是形成搓轧区，搓轧区的形成使变形材料经过该区域除发生压缩变形，同时发生剪切变形，同时实际中性层位置改变，促进界面的复合。

上述中性层位置是异步叠轧一道次的位置。在进行二道次异步叠轧时，将异步叠轧一道次的铜材从中间切断，然后将铜材叠轧(叠合时铜材接触快辊侧与慢辊侧相结合)，此时实际的中性层仍然如图 3.2 所示位置，只是铜材中多了一道次异步叠轧过程所产生的两个界面，这两个界面经过二道次异步叠轧的搓轧区时，经过了第二次的相互摩擦与交融，界面结合较同步叠轧有所提高。以此类推，一道次异步叠轧时的界面经过二道次、三道次、四道次、五道次、六道次……异步叠轧之后，该界面经过了二、三、四、五、六次……搓轧变形区。这样，只有最后一道次的界面通过一次搓轧变形区。通过 $n$ 道次的异步叠轧后，叠轧件内的界面数为 $2^n-1$，叠轧件经过异步叠轧被分为 $2^n$ 层，设异步叠轧前铜材厚度为 $h_0$，那么，经过 $n$ 道次异步叠轧后，每层厚度应该变为 $h_0/2^n$。

### 3.5.3　异步叠轧过程变形量的表示方法

计算轧制变形量通常有三种形式，即绝对变形量、相对变形量、真实变形量。用轧制前后轧件绝对尺寸之差表示的变形量称为绝对变形量。用绝对变形不能正确说明变形量的大小，仅能表示工件外形尺寸的变化。轧制前后轧件尺寸的相对变化表示的变形量称为相对变形量。显然，绝对变形量与原工件尺寸的比，不能确切表示某变形瞬间真实变形程度。

用真实变形量（真变形）表示变形量的方法：在变形过程中如原始尺寸 $L$ 经过多个中间数值逐渐变到 $l$，则由 $L$ 到 $l$ 的终了变形程度可看做是这个阶段相对变形的总和，用对数表示的变形，反映了工件的真实变形程度，所以称真实变形量（也称真应变）。真应变 $\varepsilon=\ln l/L$，而累积真应变 $\varepsilon=\varepsilon_1+\varepsilon_2+\varepsilon_3+\cdots$。用对数表示的变形，反映了工件的真实变形程度，所以真变形也称为真应变。真变形 $\varepsilon$ 可以相加求和容易求出总变形。本试验中尽量保证每道次变形量在 50%，因此根据 Mises 屈服准则，可以推出 $n$ 次异步叠轧后等效应变：

$$\varepsilon = \left|\frac{2}{\sqrt{3}}\ln\left(\frac{1}{2}\right)\right| \times n = 0.8n \tag{3.2}$$

因此，本实验大变形异步叠轧过程计算变形量用等效应变表示变形程度。

采用大变形异步叠轧法制备超细晶铜材的依据就是利用该方法形成的搓轧区使晶粒的细化程度更高，界面复合好。经过多道次累积异步叠轧，铜材多次经过搓轧区，晶粒得到细化，界面得到消除。

# 4 大变形同步叠轧制备超细晶铜材工艺

从理论上讲，大变形异步叠轧技术在制备超细晶材料方面，其大变形过程中大的变形量主要还是依靠多道次的轧制来实现的。那么，研究大变形同步叠轧制备超细晶铜材过程的工艺技术制备体系、组织演变过程及晶粒细化机制对大变形异步叠轧技术体系制备超细晶铜材的研究具有重要的前期探索和理论指导意义。

## 4.1 大变形同步叠轧制备超细晶铜材工艺的确定

工艺的制定是一个复杂的过程，要全盘考虑各种轧制条件和影响轧制的因素，下面列出了制定轧制工艺所需要考虑的一些基本因素：

（1）金属表面处理：在空气中的金属，表面有氧化物、吸附水汽、油脂及尘埃颗粒等物，它们组成一个强大的能垒，妨碍金属表面的结合。因此，轧制复合前必须对金属进行表面处理。研究表明，已经打磨结合表面的金属具有较好的可焊性。

（2）金属临界复合变形率：有关研究认为，两片金属表面相遇并结合之前存在着一种能量障碍。在冷轧变形双金属的条件下，临界复合变形率的存在证实了这一观点。经过脱脂和打磨过的金属表面显然不能在低于临界值的变形率下焊合，因为新生表面焊合时必须在金属间接触，而这种接触只能在一定压力和变形下才能达到。

通过冷变形轧制复合金属材料，当变形率低于临界变形率时，轧后金属自然分开，不能复合。实际上，金属表面层在变形和压力的作用下也出现破裂，在局部区域发生机械咬合，有一定的实际结合强度，但这一结合强度会随着变形和压力的消失而迅速下降至零导致开裂。经研究表明，轧制铜板时每次的变形率为50%，高于临界复合变形率（不同的金属有不同临界复合变形率，一般大于30%），有利于试样表面的复合，且多次轧制后累积变形量很大，细化晶粒效果好。

（3）再结晶细化的临界变形量：金属再结晶时晶粒的长大与变形量有关。当低于临界变形量时，再结晶后晶粒粗化，而只有在高于临界变形量的材料再结晶后晶粒长大趋势才有所抑制。铜金属属于低层错能的面心立方金属，退火易于形成退火孪晶，退火孪晶处于易于形核的位置且片数与三晶粒相交的节点成正比，密度与变形的位错密度成正比。因此只有当变形量达到一定程度，晶粒足够破碎形成足够多的晶界才能有利于形成退火孪晶而抑制晶粒的长大。

（4）退火温度及时间：退火的作用是使轧后试样的力学性能得以部分恢复，消除内部缺陷，以利于进一步加工。在同步实验中选用了 170℃退火温度，并做了部分 130℃退火的对比实验。

## 4.2 大变形同步叠轧及热处理工艺对变形铜材组织及性能影响的探索

### 4.2.1 同步叠轧中间去应力退火试验

考虑轧制条件和影响轧制的因素，如金属表面处理、金属变形率、再结晶细化临界变形量、退火温度及时间等，选择的大变形同步叠轧及热处理工艺参数如表 4.1 所示。确定热处理工艺为：在 170℃做中途低温退火处理，一方面减小变形铜材的加工硬化，另一方面，温度低于再结晶温度防止变形铜材晶粒的长大。

**表 4.1 大变形同步叠轧及热处理工艺参数**

| 叠轧道次 | 退火温度/℃ | 原始厚度/mm | 轧后厚度/mm | 真应变 $\varepsilon$ |
|---|---|---|---|---|
| 一道次 | 170 | 2×0.86 | 0.91 | 0.63 |
| 二道次 | 170 | 2×0.91 | 1.03 | 1.21 |
| 三道次 | 170 | 2×1.03 | 1.02 | 1.91 |
| 四道次 | 170 | 2×1.02 | 1.03 | 2.59 |
| 五道次 | 170 | 2×1.03 | 1.01 | 3.30 |
| 六道次 | 170 | 2×1.01 | 1.00 | 4.01 |
| 七道次 | 170 | 2×1.00 | 1.00 | 4.70 |

同步叠轧各道次变形铜材经 170℃做中途低温退火处理后的金相显微组织及 SEM 形貌如图 4.1 所示。从图 4.1 可以看出变形铜材晶

粒细化的过程。从一道次同步叠轧开始变形铜材就有退火孪晶形成，随同步叠轧道次的增加孪晶逐步细化并在四道次同步叠轧时出现位错缠结现象（在扫描 SEM 形貌照片中表现为光亮带），随着同步叠轧道次的继续增加，位错缠结较退火孪晶的比例越来越大，最后在第七道次同步叠轧时，SEM 形貌照片上全部表现为位错缠结。

(a) 一道次显微组织 ×400

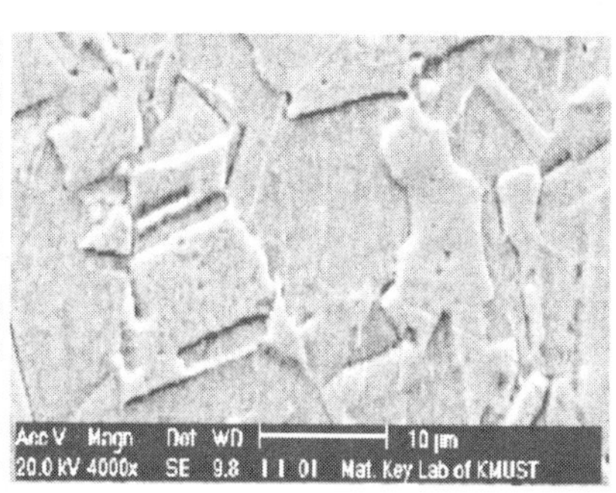


(a′) 一道次SEM形貌 ×4000

(b) 二道次显微组织 ×400

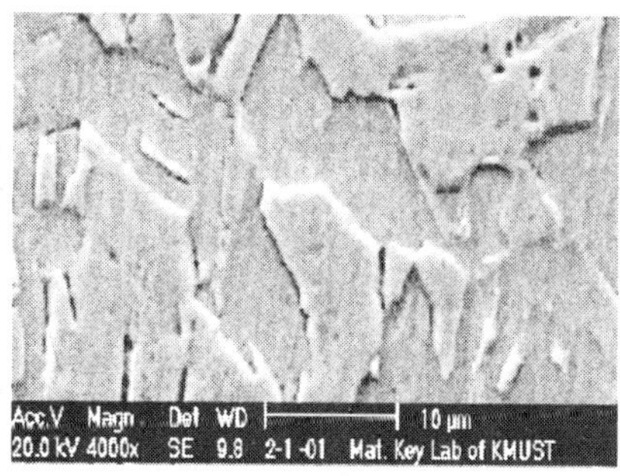


(b′) 二道次SEM形貌 ×4000

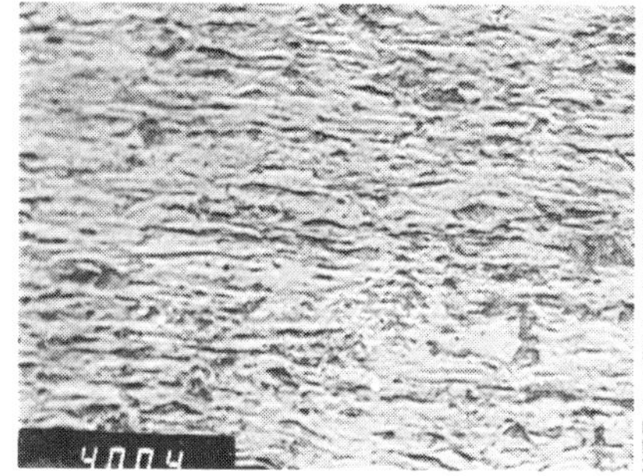


(c) 三道次显微组织 ×400

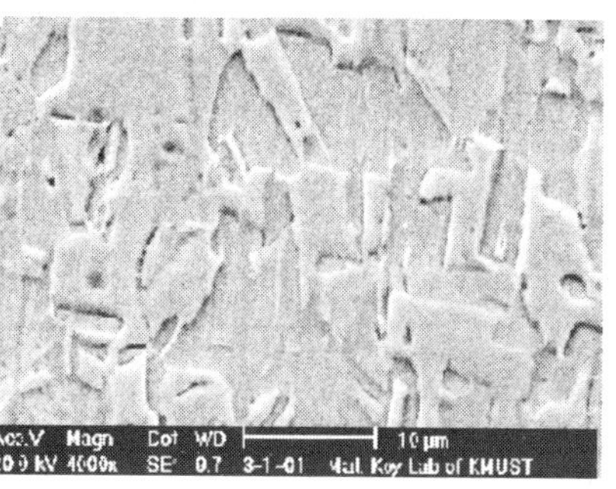


(c′)三道次SEM形貌 ×4000

(d) 四道次显微组织 ×400

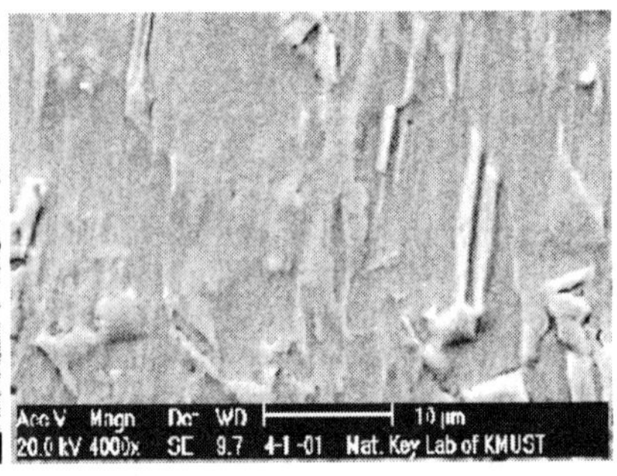


(d′) 四道次SEM形貌 ×4000

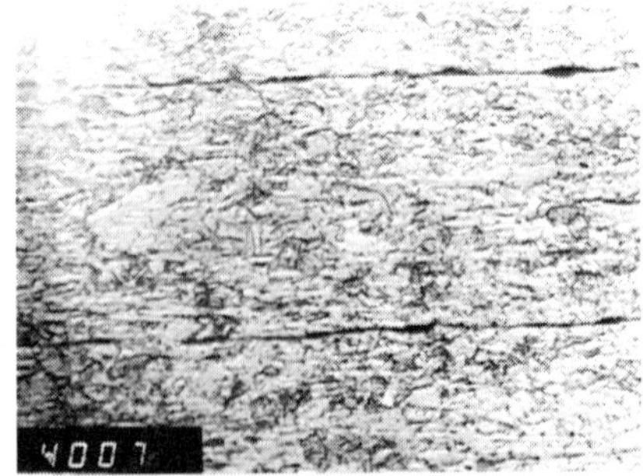


(e) 五道次显微组织 ×400

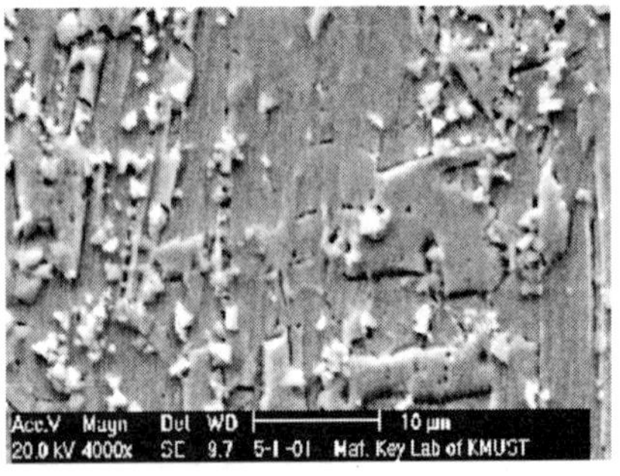


(e′) 五道次SEM形貌 ×4000

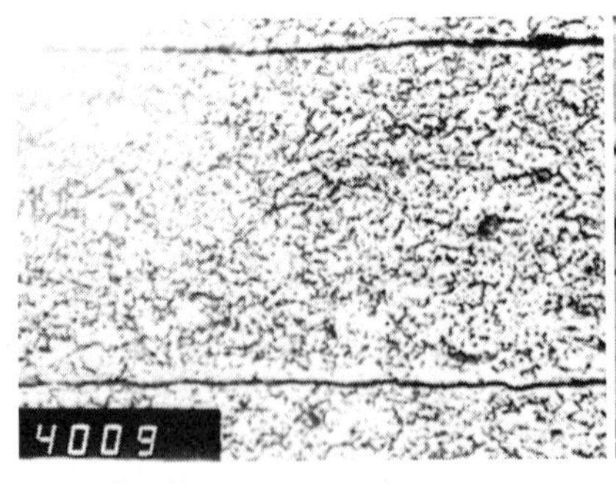


(f) 六道次显微组织 ×400

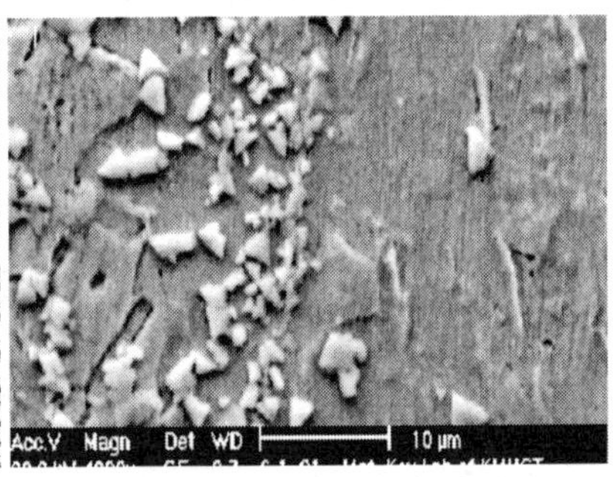


(f′) 六道次SEM形貌 ×4000

(g) 七道次显微组织 ×400

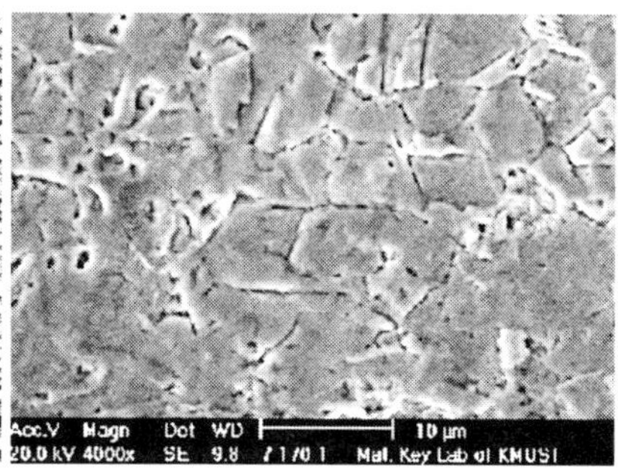


(g′) 七道次SEM形貌 ×4000

(h) 未叠轧前显微组织 ×400

图 4.1 同步叠轧各道次变形铜材的金相显微组织及 SEM 形貌

通过对图 4.1 中同步叠轧各道次变形铜材 170℃中途低温退火处理后的显微组织观察可以看出，变形铜材的晶粒较大且被拉长的晶粒表面有许多条纹，由此断定晶体是以滑移的形式进行塑性变形的。变形铜材由于腐蚀过重而晶界显示不太清晰，但各道次间的界面还是比较明显的。

通过以上的研究结论，初步推断出大变形同步叠轧变形铜材晶粒细化的演变过程，如图 4.2 所示。

另外，从动力学角度进行分析：在大变形同步叠轧过程中，外界提供的能量一部分使变形铜材晶粒被拉长、碎化扭曲变形。而另一部分使界面能提高，提供了动力学基础使边界能量上升，最终在晶界部分形核，产生新的细小的晶粒。

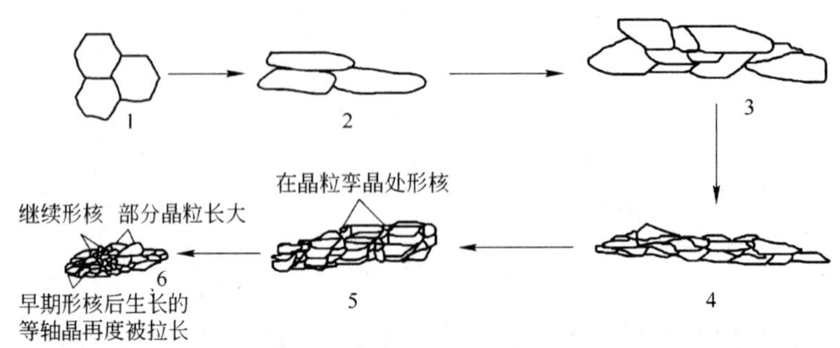


图 4.2 大变形同步叠轧变形铜材晶粒细化的演变过程

采用 HX-1 显微硬度计测定了大变形同步叠轧变形铜材（未退火处理）的显微硬度，在试样上随机选择 5 个点，施加 20g 载荷持续 15s 测得不同道次变形铜材的显微硬度如表 4.2 所示。

**表 4.2 显微硬度数据**

| 道 次 | 一 | 二 | 三 | 四 | 五 | 六 | 七 |
|---|---|---|---|---|---|---|---|
| 显微硬度 HV | 74.6 | 73.3 | 77.2 | 77.8 | 82 | 83.2 | 106.7 |

从表 4.2 中可以看出，大变形同步叠轧变形铜材的显微硬度随真应变基本呈单调递增的关系，由于变形铜材的显微硬度与晶粒强度和晶界的密度强度有关，所以从侧面也反映了晶粒度减小使晶界密度增加；晶粒畸变使晶粒内应力和位错密度增加，晶粒获得了强化的效果。此外，对七道次显微硬度的突变，不排除有误差的可能。与普通加工态铜（56HV）比较，变形铜材显微硬度提高 32% ~91%。对同步叠轧试验主要在于研究叠轧的细化效果和掌握基本的叠轧工艺特点，而没有进行拉伸实验测试，故无法对力学性能进行深入分析，但从变形铜材显微硬度上能够间接反映出变形铜材强度随真应变的增加而提高，随晶粒细化而逐渐升高的规律。

对不同同步叠轧变形量下变形铜材的组织观察结果表明：随着轧制道次的增加，累积变形量增加，变形铜材晶粒细化的程度也越来越大。被拉长的晶粒大小较均匀，晶界随被拉长的晶粒而呈细长形状。对各道次的变形铜材在同样条件下进行腐蚀，发现道次越高其越易腐蚀，可能是晶粒细化晶界较多的缘故，也可能晶粒太小难以在光学显微镜下观察到晶粒的形态。晶粒大小是影响传统多晶金属材料力学性能的重要因素，随着晶粒的减小，变形铜材的强度与显微硬度有所增加。

同步叠轧试验结果表明：叠轧能有效细化晶粒。从同步叠轧各道次变形铜材的金相显微组织及 SEM 形貌照片可以直观观察到随真应变的增加其变形铜材晶粒度在逐渐减小，显微硬度也从侧面反映了晶粒的细化；在同步叠轧工艺中，晶粒细化与真应变和退火温度有关；在叠合面的消除及界面的复合方面，工艺还有待改善。

### 4.2.2 连续同步叠轧试验

将厚 1.0mm 的铜材切割成长 350mm × 宽 55mm 的试样，然后进行真空退火（600℃ ×1h），将铜材沿长度方向上切成两半，在不改变轧制方向的前提下叠合在一起轧制，然后再重复上述过程，共循环了六道次。

退火态和同步叠轧各道次变形铜材的显微组织形貌如图 4.3 所示。

图 4.3 表明，同步叠轧后变形铜材的显微组织沿轧制方向伸长，轧制变形组织随道次增加而细化，低道次试样可以看出晶粒结构，

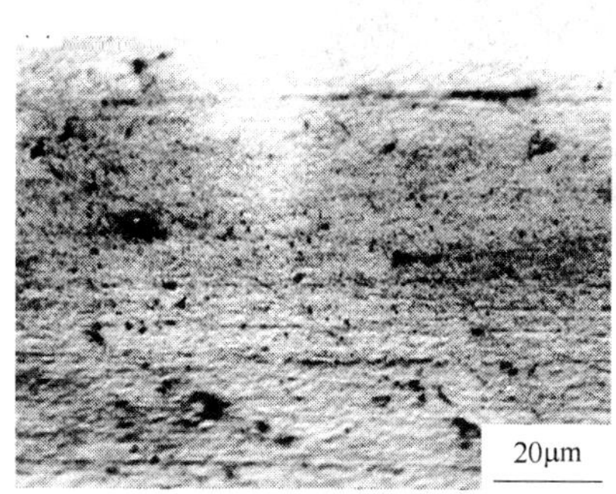


(a) 退火态

20μm

(b) 一道次

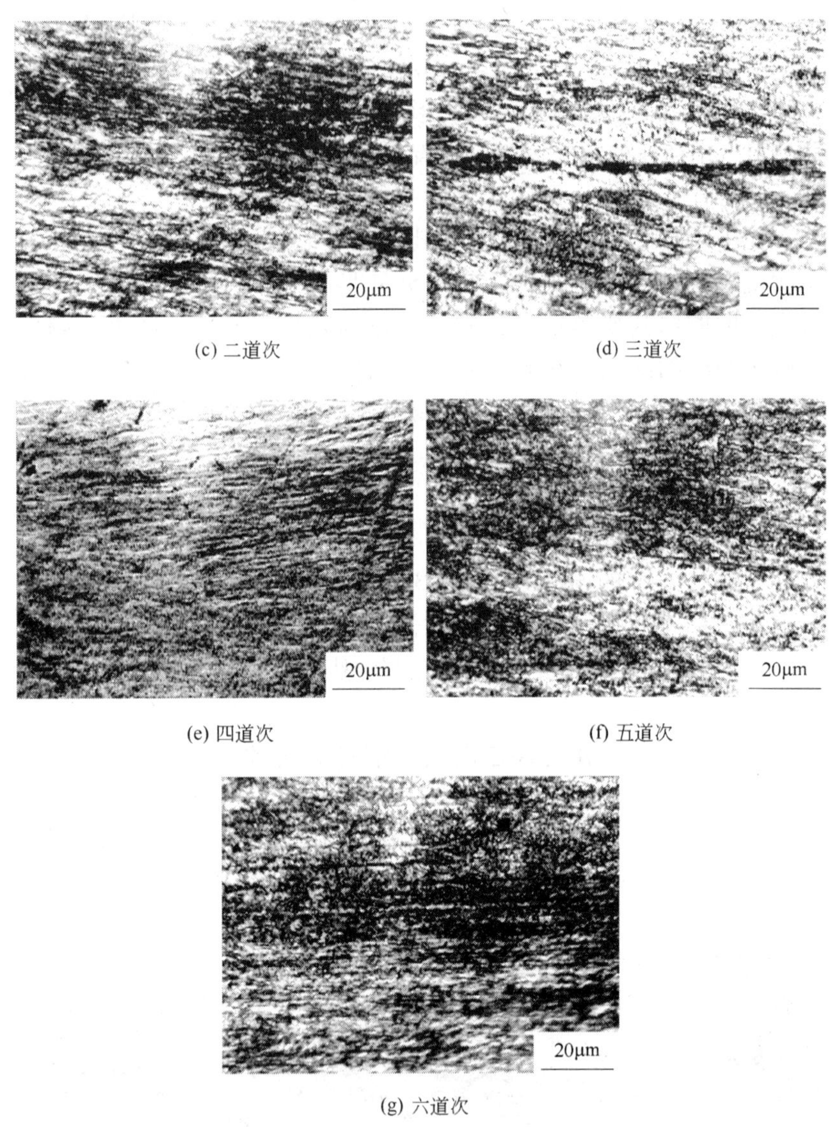


(c) 二道次　(d) 三道次

(e) 四道次　(f) 五道次

(g) 六道次

图 4.3　退火态和同步叠轧各道次变形铜材的显微组织形貌

三道次以上由于晶粒已经很细，超出光学显微镜的识别范围故只能观察到轧制变形形貌。叠合面随叠合次数的增加而逐渐消失，但在部分试样中最后道次的叠合面仍存在叠合痕迹。

图 4.4 为退火态和同步叠轧各道次变形铜材显微硬度的变化关系曲线。可见，变形铜材的显微硬度由退火态铜材的 56.8HV 增加到最高 126.59HV，提高幅度达 123%。这表明随变形铜材晶粒的不断细化，晶界密度和晶粒强度逐渐提高，晶界密度和晶粒强度的增加都使变形铜材硬化。

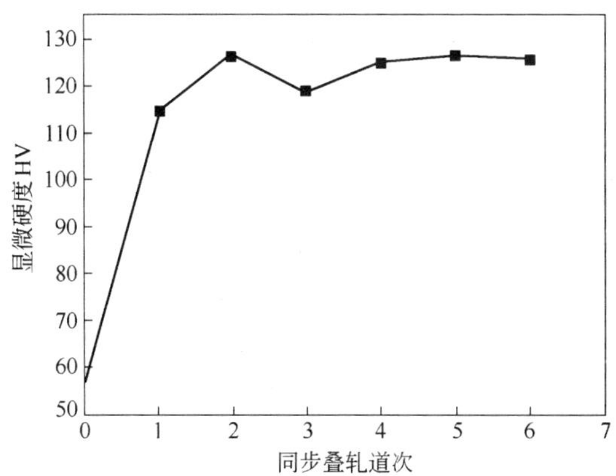


图 4.4 退火态和同步叠轧各道次变形铜材的显微硬度

综上所述，大变形同步叠轧制备超细晶铜材由于缺少异步剪切力，因此在晶粒细化效果方面相对较弱，界面结合相对一般。考虑异步剪切力在细化晶粒和促进界面结合方面的优势，开始采用了大变形异步叠轧制备超细晶铜材的探索。

# 5 大变形异步叠轧制备超细晶铜材工艺

通过大变形同步叠轧技术制备超细晶铜材的研究，对大变形异步叠轧技术体系制备超细晶铜材的部分工艺参数起到理论参考作用。大变形异步叠轧技术制备体系不仅具有大变形同步叠轧技术的特点，还具有异步轧制的特点，两种技术的结合使大变形异步叠轧技术制备超细晶铜材在制备技术体系方面表现出了独特的优势。以下主要介绍大变形异步叠轧技术体系制备超细晶铜材的工艺过程，最终获得该技术体系制备超细晶铜材的较好工艺。

## 5.1 大变形异步叠轧及热处理工艺对铜材组织及性能的影响

在同步实验的基础进行了异步叠轧的初步实验。设备和检测方法等都没有变化，只是对异步比为 1.08 作了调整，一方面降低了低道次的退火温度，提高了高道次退火温度但缩短退火时间；另一方面则增加了中途退火的退火间隔，即采用二道次 1 退火，以增加变形的累积效果。轧制工艺按："低温长时间退火"（一至四道次：130℃ × 60min），高道次"高温短时间退火"（五至七道次：500℃ ×30s）共进行了 7 个道次的异步叠轧实验，各道次铜材的厚度和道次对应的累积真应变如表 5.1 所示。

表 5.1 未退火铜材不同道次铜材厚度和对应的累积真应变的数据

| 试样号 | | 1 | 2 | 3 | 4 | 5 | 6 |
|---|---|---|---|---|---|---|---|
| 铜材厚度 /mm | 叠轧前 | 0.8 | 0.78 | 0.785 | 0.78 | 0.79 | 0.78 |
| | 一道次 | 0.94 | 0.865 | 0.89 | 0.93 | 0.97 | 0.93 |
| | 二道次 | — | 0.875 | 0.98 | 1.02 | 0.93 | 0.96 |
| | 三道次 | — | — | 1.03 | 1.07 | 1.03 | 0.98 |
| | 四道次 | — | — | — | 1.05 | 1.01 | 1.04 |
| | 五道次 | — | — | — | — | 1.03 | 1.04 |
| | 六道次 | — | — | — | — | — | 1.07 |
| | 七道次 | — | — | — | — | — | 1.12 |
| 真应变 $\varepsilon$ | | 0.53 | 1.28 | 1.81 | 2.48 | 3.24 | 4.49 |

采用三氯化铁（25g）+水（100mL）+盐酸（10mL）的混合液对铜材进行腐蚀。原始退火铜材和各道次异步叠轧变形铜材的金相显微组织形貌如图5.1所示。从图5.1中可看出，经异步叠轧后变形铜材的显微组织沿轧制方向伸长，轧制织构随道次增加而细化，低道次异步轧制的变形铜材可以看出晶粒结构，三道次以上由于晶粒很小，已经超出光学显微镜的识别范围。各道次异步叠轧过程中变形铜材叠合面随叠合次数的增加而逐渐消失，但最近道次的叠合面仍存在叠合痕迹。异步叠轧变形铜材的结合界面较同步叠轧有了很大的改进，说明异步剪切力在对界面的结合方面起到了很好的促进作用。

将异步叠轧变形铜材切成60mm×20mm（标定长度为：20mm），在拉伸试验机上进行抗拉强度、屈服应力、伸长率等力学性能检测，结果如表5.2所示。

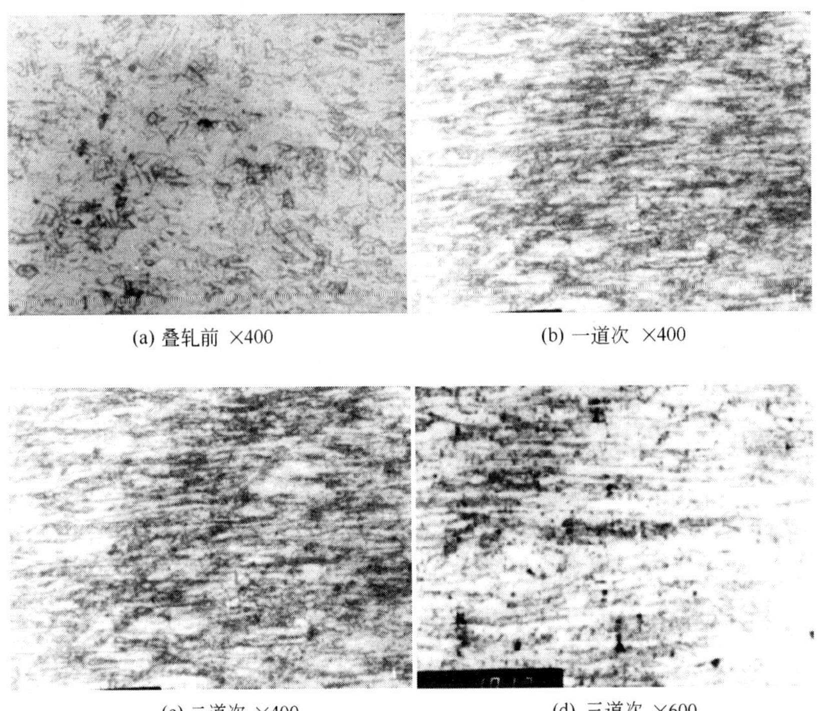

(a) 叠轧前 ×400　(b) 一道次 ×400

(c) 二道次 ×400　(d) 三道次 ×600

(e) 四道次　×600

(f) 五道次　×600

(g) 七道次　×600

图 5. 1　不同道次异步叠轧变形铜材的金相显微组织

**表 5. 2　大变形异步叠轧未退火的变形铜材拉伸检测数据**

| 道次＼指标 | 抗拉强度 /MPa | 屈服强度 /MPa | 屈强比 | 伸长率 /% | 显微硬度 HV |
|---|---|---|---|---|---|
| 一道次 | 357 | 83. 6 | 0. 23 | 11. 5 | 44. 61 |
| 二道次 | 394. 1 | 79. 45 | 0. 20 | 12. 23 | 106 |
| 三道次 | 416 | 77. 55 | 0. 19 | 13 | 111 |
| 四道次 | 422 | 67. 45 | 0. 16 | 16 | 99. 9 |
| 五道次 | 429. 8 | 68. 3 | 0. 16 | 13. 5 | 97. 7 |
| 七道次 | 455. 3 | 79. 9 | 0. 19 | 17 | 160 |

虽然做拉伸实验的试样为非标准样，但分析时还是借助纯铜的典型力学性能来比较该工艺的特点：$R_m$ 从二道次开始稳定于 400～460MPa 之间，相比传统压力加工纯铜 $R_m$（退火 240MPa，未退火 370MPa）都有提高（以退火态作比较提高 66%～92%，以未退火态作比较提高 8%～24%）。主要原因是随变形铜材晶粒的不断细化，晶界密度和晶粒强度逐渐提高，晶界密度和晶粒强度的增加都使变形铜材硬化、强度提高，使抗拉强度提高。

$R_{p0.2}$都在 65～85MPa 之间，平均为 77MPa，较退火状态传统压力加工纯铜的 $R_{p0.2}$（70MPa）提高 10%，屈强比 $R_{p0.2}/R_m$（0.19）和普通铜材相当。低道次的 $R_{p0.2}$、$R_{p0.2}/R_m$ 较高，高道次的反而较低，原因可能在于退火温度的差别上。低道次采用低温退火，变形铜材发生回复，不改变晶粒和晶界形态，也只能部分消除晶粒和晶界上的畸变能，因此，变形铜材晶粒的内能大部分被保留下来，抗变形能力增强，$R_{p0.2}$较高；随着变形能量在晶粒和晶界上的积累，晶粒和晶界上位错密度增加，内能增高，这样较低的温度就可能激发晶粒和晶界上的位错攀移重组或相消，而高能晶界也可能在较低温度下发生迁移或合并，使晶粒和晶界上内应力和畸变能下降，从而发生软化机制使变形铜材屈服强度降低；高道次的高温短时间退火使晶粒发生再结晶（由于时间短而不会发生长大），晶粒畸变能消除，更使变形铜材晶粒和晶界强度大幅度降低，导致屈服强度下降；随加工的继续，晶粒细化晶界密度增加，同时晶粒细化使晶粒的界面能增加，这两方面作用又会增加变形铜材的屈服强度，所以在高道次当晶粒细化强化机制大于软化机制时晶粒屈服强度又会增加。

各道次变形铜材的伸长率起伏不大，在 11.5%～17%之间，相比于传统压力加工的未退火的纯铜（伸长率 6%），其塑性提高 91.7%～183%。随变形铜材晶粒度的细化，晶粒细小，晶界密度大，有助于变形均匀，也有助于减小变形时材料内部的应力集中，这些机制的相互作用都可以提高变形铜材的塑性。

除异步叠轧一道次变形铜材的显微硬度低于普通铜材（56HV）外，其他道次的变形铜材显微硬度分别高出 89%～189%，显微硬度提高得十分显著。这与改变退火制度有直接的关系，低道次低温退火工艺有助于保留变形铜材晶粒和晶界上的畸变能，比同步工艺变形铜材的显微硬度有较大提高。高道次的高温短时间退火制度促使再结晶形核防止晶粒长大，增大了晶界密度且高道次晶粒细小畸变能对晶粒强化作用加大，这些机制相互作用导致变形铜材的显微硬度再次提高。

异步叠轧工艺探索试验表明：异步叠轧对变形铜材的力学性能有很大提升。抗拉强度 $R_m$ 比传统压力加工纯铜 $R_m$（退火 240MPa，未退火 370MPa）都有提高（与退火态作比较提高 66% ~92%，与未退火态作比较提高 8% ~24%）；屈服强度 $R_{p0.2}$ 比退火状态传统压力加工纯铜的 $R_{p0.2}$（70MPa）提高 10%；伸长率较传统压力加工的未退火的纯铜（伸长率 6%）塑性提高 91.7% ~183%；显微硬度较普通铜（56HV）提高 89% ~189%；异步叠轧对变形铜材晶粒细化有强烈的效果。从金相显微照片可以看出叠轧试样轧制织构随道次增加而细化，低道次试样可以看出晶粒结构，三道次以上由于晶粒尺寸已经很小，超出光学显微镜的识别范围；异步叠轧能较好消除界面的复合，叠合面经过多次叠轧后多数已经消失，变形铜材截面已经看不出叠合痕迹，但最近道次的叠合仍较清晰；$R_{p0.2}$、$R_{p0.2}/R_m$ 偏低可能是退火制度的负面作用，但还需要进一步的实验验证。

## 5.2　大变形异步叠轧过程工艺的确定

通过探索实验确定异步叠轧等效应变在 3.2（四道次）以上，异步叠轧变形后变形铜材的组织相对较细，再结晶转变时获得的再结晶组织相对比较均匀、细小。因此，分别对铜材进行五道次（$\varepsilon=4.0$）、六道次（$\varepsilon=4.8$）、七道次（$\varepsilon=5.6$）、八道次（$\varepsilon=6.4$）、九道次（$\varepsilon=7.2$）、十道次（$\varepsilon=8.0$）异步叠轧的变形工艺处理，对应于六种应变量下的变形铜材纵截面形貌如图 5.2 所示。

所有变形量下变形铜材纵截面的组织均为纤维组织，部分纤维组织被轧断，只是等效应变不同，纤维组织的宽度不同，被轧断的纤维组织的数量不同，其长度也不同。这些纤维组织内部存在许多

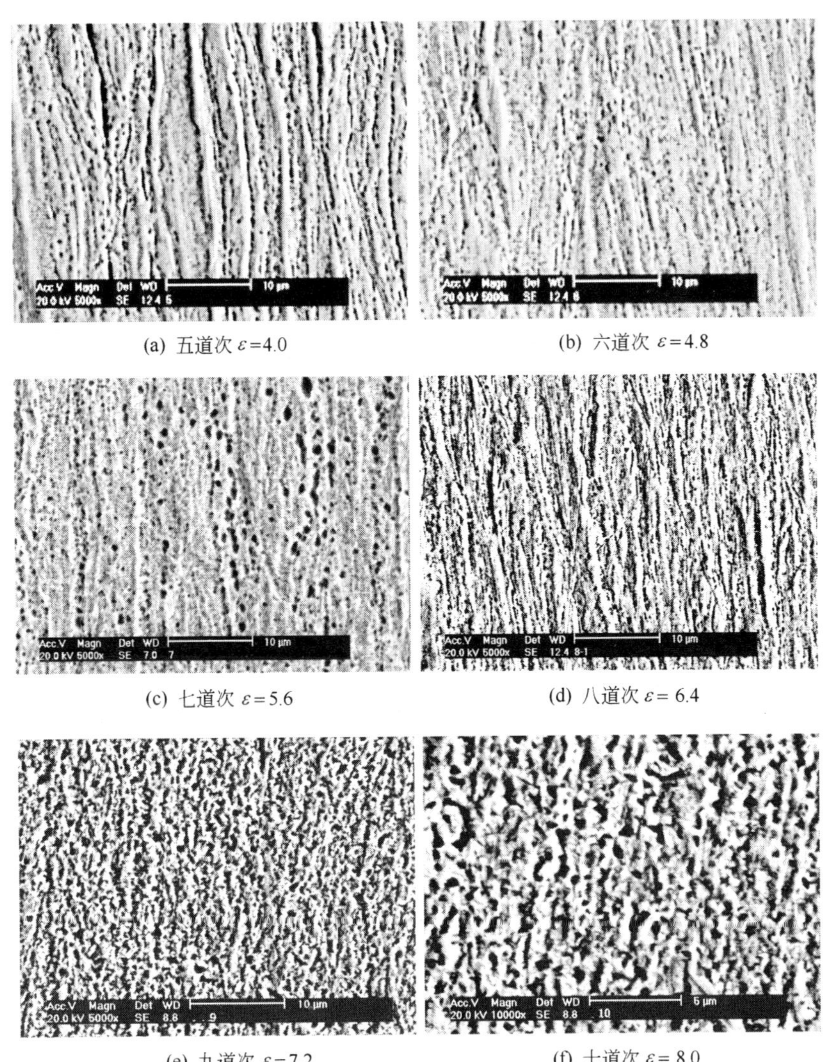


(a) 五道次 $\varepsilon=4.0$　(b) 六道次 $\varepsilon=4.8$

(c) 七道次 $\varepsilon=5.6$　(d) 八道次 $\varepsilon=6.4$

(e) 九道次 $\varepsilon=7.2$　(f) 十道次 $\varepsilon=8.0$

图 5.2　五至十道次异步叠轧等效应变 $\varepsilon=4.0\sim8.0$ 时变形铜材纵截面形貌

亚晶粒，由大量的亚晶粒组成。随着应变量的增加，纤维组织越来越细，被轧断的纤维数量越来越多，轧断纤维组织的长度越来越短。同时，在七道次和八道次异步叠轧变形后变形铜材出现部分孔洞。

继续进行九道次和十道次的异步叠轧，纵截面上的纤维组织无法观察到，在扫描电镜下观察到许多孔洞及碎化的晶粒。

对四道次以上异步叠轧变形后的变形铜材进行拉伸力学性能分析，发现经过多道次异步叠轧后的变形铜材抗拉强度、屈服强度都有提高，但变形铜材的伸长率特别低，残余应力测量结果显示变形铜材的内应力特别大。这表明经过大变形异步叠轧后，变形铜材的组织得到细化，强度得到提高，但伸长率下降了，加工硬化程度也特别高。这样获得的超细铜材在加工时难度比较大，限制了其应用前景。

鉴于此，后续试验对大变形异步叠轧后的变形铜材进行了再结晶退火处理。铜材经过大变形异步叠轧之后，内部充斥了大量的亚晶界、位错胞状组织和缺陷，这也是使其伸长率低、加工硬化程度提高的主要原因。再结晶退火过程中，就会以这些亚结构和缺陷为核心形核，因此亚结构和缺陷越多，再结晶形核的数量就越多，再结晶退火后的变形铜材的晶粒越细小，只要再结晶退火工艺控制得当就会得到均匀稳定的超细晶铜材。因此，以下对不同等效应变变形的变形铜材进行再结晶退火工艺探索，确定不同变形量变形铜材的再结晶退火工艺。最后综合大变形异步叠轧的变形量、再结晶退火工艺及不同条件下获得的组织状态，确定大变形异步叠轧制备超细晶铜材的最佳工艺，包括异步叠轧变形道次（异步叠轧的等效应变）和再结晶退火工艺条件。

对于不同异步叠轧等效应变变形获得的变形铜材，首先进行大致的再结晶退火温度和时间区间的探索，然后确定异步叠轧不同等效应变变形铜材对应的再结晶退火工艺。

### 5.2.1 五道次异步叠轧等效应变 $\varepsilon=4.0$ 时变形铜材再结晶退火工艺

五道次异步叠轧等效应变 $\varepsilon=4.0$ 时，变形铜材的再结晶退火探索的工艺条件如表5.3所示。首先寻求大概的再结晶退火温度区间和时间区间，然后比较小的区间确定该变形量的再结晶退火工艺。

**表 5.3 五道次异步叠轧等效应变 $\varepsilon=4.0$ 时变形铜材再结晶退火温度和时间**

| 铜材编号 | 再结晶退火温度/℃ | 再结晶退火时间/min |
|---|---|---|
| 5-1 | 200 | 20 |
| 5-2 | 200 | 40 |
| 5-3 | 200 | 60 |
| 5-4 | 250 | 15 |
| 5-5 | 250 | 30 |
| 5-6 | 250 | 45 |
| 5-7 | 300 | 15 |
| 5-8 | 300 | 25 |
| 5-9 | 350 | 2 |
| 5-10 | 350 | 6 |

图 5.3 为对应于表 5.3 中五道次异步叠轧等效应变 $\varepsilon=4.0$ 时，不同条件下变形铜材纵截面的 SEM 形貌图。

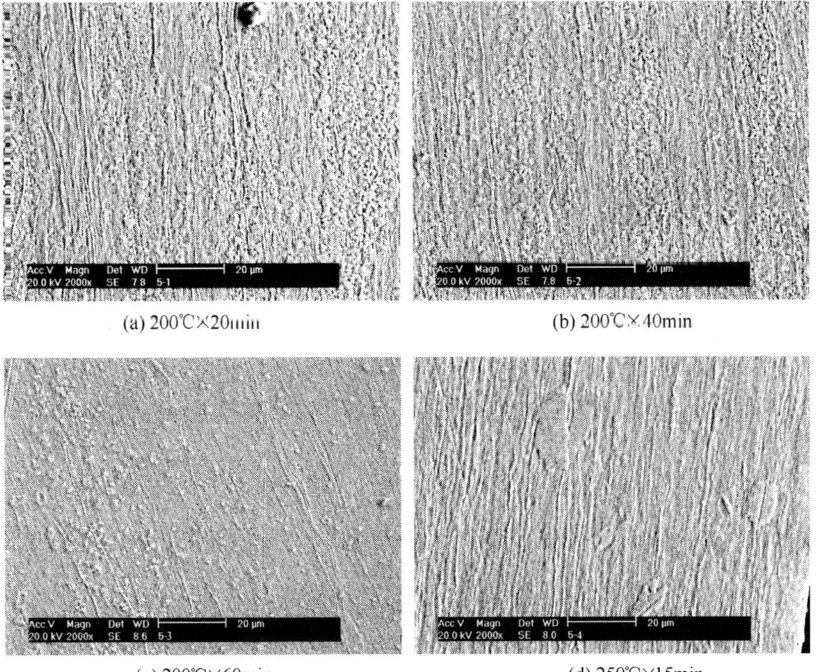


(a) 200℃×20min

(b) 200℃×40min

(c) 200℃×60min

(d) 250℃×15min

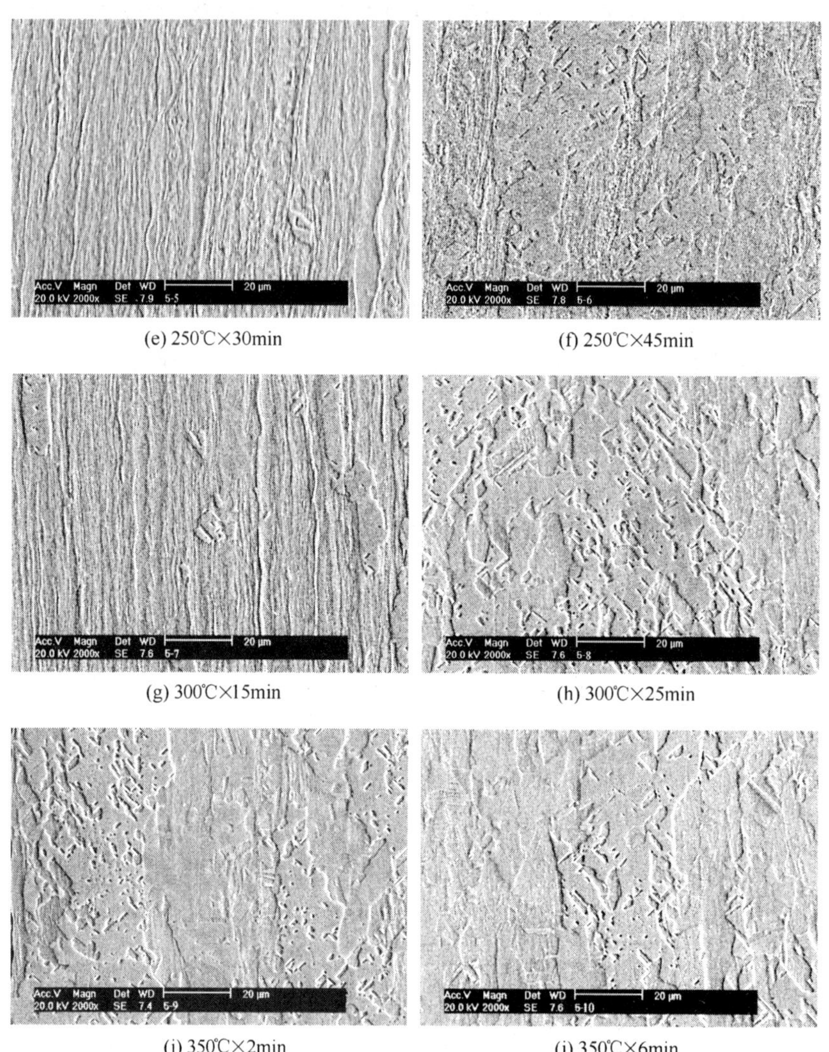


(e) 250℃×30min (f) 250℃×45min

(g) 300℃×15min (h) 300℃×25min

(i) 350℃×2min (j) 350℃×6min

图 5.3 五道次异步叠轧等效应变 $\varepsilon=4.0$ 时变形铜材再结晶退火纵截面形貌

从图 5.3 中可以看出，再结晶退火温度为 200℃，再结晶退火时间为 20min，达不到再结晶要求，变形铜材的组织仍为纤维组织，变化不大。随着再结晶退火时间的延长达到 40min 和 60min 退火时，变形铜材的组织变为了部分再结晶晶粒和纤维组织的混合组织，还未完全发生再结晶。综合考虑时间因素和组织变化情况，若要选择200℃作为再结晶退火温度，再结晶退火时间应该更长一些，但这样又会导致已经再结晶的晶粒随着再结晶退火时间的延长异常长大。因此后续再结晶温度的选择应该比该温度要高一些。

再结晶退火温度提高到300℃时，经再结晶15min的变形铜材只有个别晶粒形核，再结晶25min的变形铜材晶粒已经完全形核并长大。350℃的再结晶退火温度更高，因此退火时间更短。例如，图5.3中的（i）和（j）表明：经350℃再结晶退火2～6min后变形铜材的晶粒已经完全长大。因此，当再结晶退火温度选择在300℃或350℃时，再结晶退火时间较难控制，很难保证部分初始再结晶晶粒的异常长大。

通过对不同再结晶退火温度和退火时间的微观组织分析表明，五道次异步叠轧变形铜材的再结晶退火温度应该控制在250℃，退火时间大概控制在30～45min之间。该温度和时间比较容易控制再结晶变形铜材的组织。

### 5.2.2 六道次异步叠轧等效应变 $\varepsilon=4.8$ 时变形铜材再结晶退火工艺

六至八道次异步叠轧变形铜材的再结晶退火温度和时间区间以五道次为基础。从理论上来讲，随着应变量的增加，变形铜材内部的畸变能增加，再结晶退火温度会降低，时间会变短。因此，六道次异步叠轧等效应变 $\varepsilon=4.8$ 时变形铜材的再结晶退火温度和时间的选择如表5.4所示。

**表5.4 六道次异步叠轧等效应变 $\varepsilon=4.8$ 时变形铜材再结晶退火温度和时间**

| 铜材编号 | 再结晶退火温度/℃ | 再结晶退火时间/min |
|---|---|---|
| 6-1 | 200 | 20 |
| 6-2 | 200 | 40 |
| 6-3 | 200 | 60 |
| 6-4 | 250 | 15 |
| 6-5 | 250 | 30 |
| 6-6 | 250 | 45 |

图5.4为对应于表5.4中六道次异步叠轧等效应变 $\varepsilon=4.8$ 时，

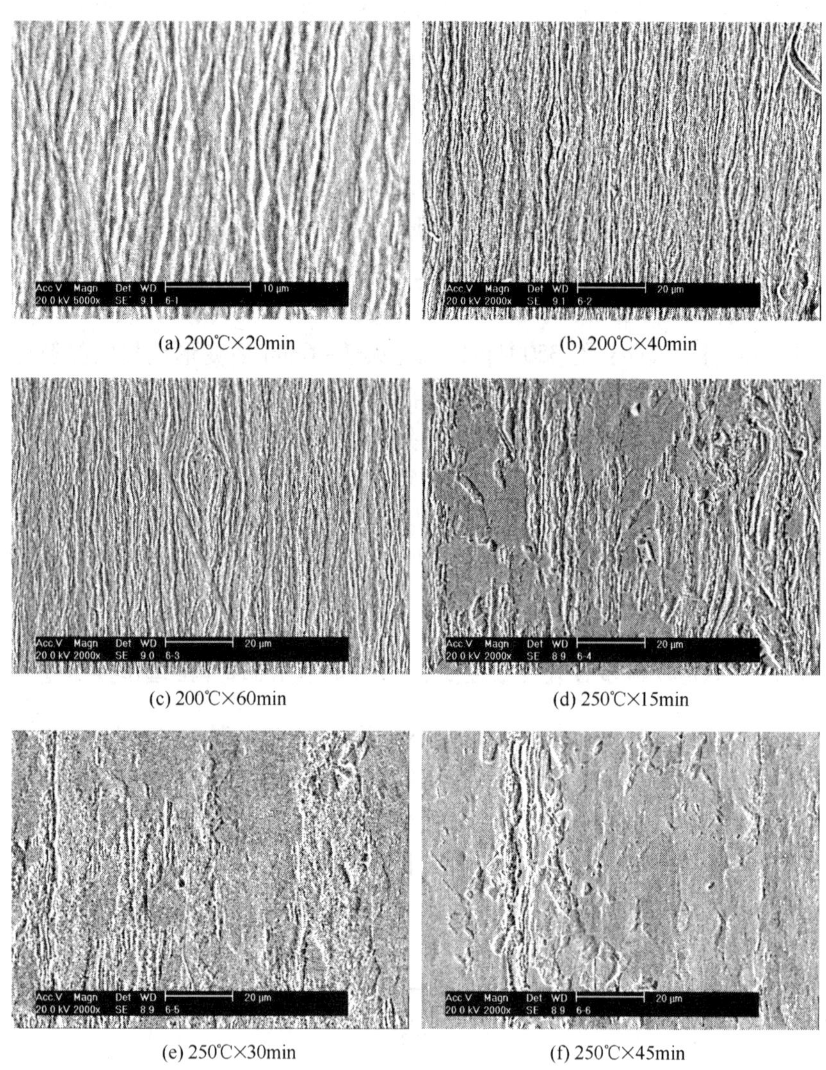


(a) 200℃×20min　(b) 200℃×40min

(c) 200℃×60min　(d) 250℃×15min

(e) 250℃×30min　(f) 250℃×45min

图 5.4　六道次异步叠轧等效应变 $\varepsilon=4.8$ 时变形铜材再结晶退火纵截面形貌

不同条件下变形铜材纵截面的 SEM 形貌图。

从图 5.4 中可以看出，以 200℃ 作为六道次异步叠轧变形铜材的再结晶退火温度时，由于 20 ~ 60min 的再结晶退火保温时间短，达不到再结晶形核的条件，要在该温度完成再结晶则需要更长的保温时间。

再结晶退火温度提高到250℃时，15min的再结晶退火时间下变形铜材部分区域的晶粒异常长大，部分区域也还没有发生再结晶；30min的再结晶退火时间下变形铜材还存在微小的未再结晶区域；再结晶退火保温时间延长到45min时，变形铜材未再结晶区域已经完全消失，但晶粒大小很不均匀，大部分晶粒完全长大，小部分区域刚再结晶。因此，该温度作为再结晶温度偏高，时间很难控制，组织的均匀性无法达到保证。

对比五道次和六道次异步叠轧相同再结晶工艺变形铜材的组织可以看出，五道次异步叠轧在相同的再结晶工艺下可以得到变形铜材均匀的超细晶组织，而六道次异步叠轧变形铜材的再结晶组织非常不均匀，个别晶粒异常长大。说明五道次异步叠轧变形铜材的再结晶退火温度不适合六道次，而六道次异步叠轧变形铜材的再结晶温度应该控制在这两个再结晶温度即200℃和250℃之间，最终确定再结晶退火温度控制在220℃，再结晶退火时间控制在30～60min之间比较合适。

### 5.2.3 七道次异步叠轧等效应变 $\varepsilon=5.6$ 时变形铜材再结晶退火工艺

七道次异步叠轧等效应变 $\varepsilon=5.6$ 时首先在200℃进行变形铜材不同再结晶退火时间的探索，发现再结晶退火时间为60min时其组织仍然为轧制纤维组织，变形组织没有发生再结晶。因此，后续试验的再结晶退火温度和再结晶退火时间如表5.5所示。

表5.5 七道次异步叠轧等效应变 $\varepsilon=5.6$ 时变形铜材再结晶退火温度和时间

| 铜材编号 | 再结晶退火温度/℃ | 再结晶退火时间/min |
|---|---|---|
| 7-1 | 220 | 10 |
| 7-2 | 220 | 30 |
| 7-3 | 220 | 60 |
| 7-4 | 280 | 10 |
| 7-5 | 280 | 30 |
| 7-6 | 280 | 45 |

七道次异步叠轧等效应变 $\varepsilon=5.6$ 时，在再结晶退火温度控制在220℃及再结晶退火时间控制在10～60min时，变形铜材未发生再结晶变化，组织仍部分明显存在纤维组织。若在此温度段进行再结晶退火

处理，再结晶退火工艺时间不够，可能还需要更长的再结晶退火时间；在280℃×10min条件下再结晶退火，变形铜材大部分组织未发生再结晶，只有极少部分组织发生再结晶，再结晶退火时间仍不够。在280℃进行30~45min的长时间退火，变形铜材晶粒已经完全长大。

以上研究表明，在280℃再结晶退火20min左右时变形铜材组织发生再结晶，但再结晶组织较粗大且组织不均匀。因后续道次再结晶退火变形铜材纵截面组织形态在未发生再结晶、部分发生再结晶以及完全发生再结晶时，与变形五道次、六道次再结晶退火后纵截面组织具有类似形貌，故不再罗列。

### 5.2.4 八道次异步叠轧等效应变 $\varepsilon=6.4$ 时变形铜材再结晶退火工艺

对八道次异步叠轧等效应变 $\varepsilon=6.4$ 的变形铜材在220℃进行了10min、20min、30min的再结晶退火工艺探索，其组织仍为变形组织，没有发生再结晶。考虑七道次异步叠轧等效应变 $\varepsilon=5.6$ 的变形铜材再结晶退火温度高于五道次和六道次，八道次异步叠轧等效应变 $\varepsilon=6.4$ 变形铜材的再结晶退火温度也应高于七道次变形铜材的再结晶退火温度280℃，选择300℃及300℃以上。

通过对不同再结晶退火温度区间及再结晶退火时间的探索，八道次异步叠轧等效应变 $\varepsilon=6.4$ 变形铜材在340℃×30min和340℃×60min再结晶退火工艺下获得的组织如图5.5所示。在该再结晶退火温度时保温30min可以得到组织相对比较均匀的变形铜材，其晶粒尺寸在10~20μm。随着再结晶退火时间的延长，变形铜材出现个别异常二次再结晶晶粒。

### 5.2.5 九至十道次异步叠轧时变形铜材再结晶退火工艺

在对九道次异步叠轧（等效应变 $\varepsilon=7.2$）和十道次异步叠轧（等效应变 $\varepsilon=8.0$）变形铜材再结晶退火工艺的探索时，由于异步叠轧道次高、变形量大，因此在变形铜材的制备过程中对轧机的功率要求高，异步叠轧过程困难，而探索再结晶退火工艺需要大量的变形铜材，因此，对九道次和十道次异步叠轧铜材只简单进行了再结晶温度和退火时间的探索。

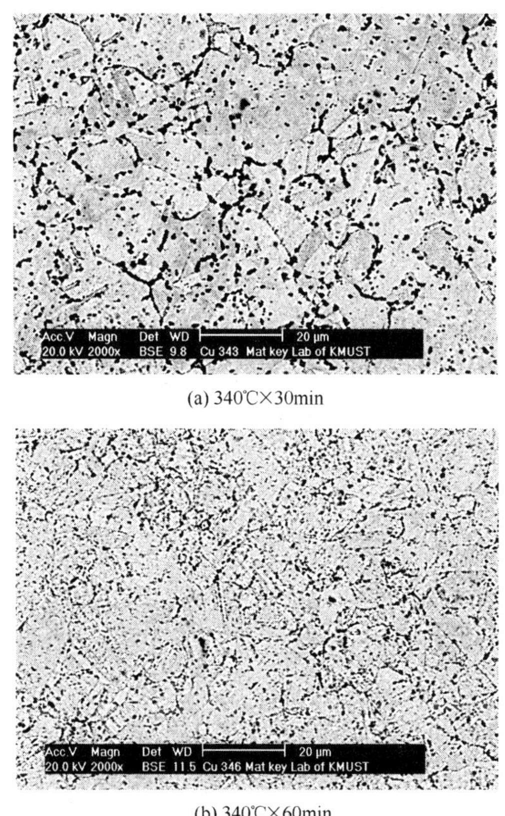


(a) 340℃×30min

(b) 340℃×60min

图 5.5 八道次异步叠轧等效应变 $\varepsilon=6.4$ 时
变形铜材再结晶退火纵截面形貌

从研究结果来看，在 340℃ 再结晶退火 30min 时，变形铜材组织未进行再结晶，在 400℃ 进行再结晶退火 30min 时，变形铜材组织完全发生再结晶，晶粒尺寸在 15 ~ 25μm。表明异步叠轧应变量增大，变形铜材再结晶所需激活能增加，当再结晶开始时，晶粒长大的驱动力大，导致晶粒比较粗大。

### 5.2.6 大变形异步叠轧制备超细晶铜材再结晶退火温度探讨

再结晶温度[224]包括开始再结晶温度和完成再结晶温度。开始再结晶温度指变形晶粒中出现第一个新晶粒或观察到凸出形核、晶界出现锯齿状边缘的温度。完成再结晶温度指冷变形金属接近全部（约95%）发生再结晶、形成等轴新晶粒尚未长大的温度。再结晶开始温度可利用包奇瓦尔经验公式估算：

$$T_r = (0.35 \sim 0.40)T_m \tag{5.1}$$

式中，$T_r$ 为再结晶温度；$T_m$ 为金属的熔点。

式（5.1）应用的条件是工业纯金属、大变形（约70%）、退火时间0.5～1h。再结晶完成温度高于再结晶开始温度，可由试验具体确定。金属再结晶温度不是一个严格确定的值，不仅与材料特性有关，还与预先变形、退火时间等外部条件有关。

对于金属来说，变形程度越大，冷变形储能增加，形核率和长大速度都增大，再结晶容易发生，因此再结晶温度降低，当变形量增大到一定程度，再结晶温度基本稳定[223]。根据再结晶动力学特性，发生一定体积分量的再结晶所需时间与温度有$\frac{1}{T} = A + B\ln t$ 的关系，因此可以推知，再结晶开始温度或完成温度均与保温时间有关，随退火时间增加，再结晶温度下降。

对于纯铜而言，其熔点为1357K，再结晶温度在475～505K（202～232℃）之间。大变形异步叠轧变形铜材进行再结晶退火时，主要探索观察再结晶保温时间在30min时（因为再结晶温度受保温时间的影响很大）变形组织完全发生再结晶时的温度，也就是探讨在再结晶退火时间保持30min时的完成再结晶温度。再结晶退火保温时间选择30min主要是由于异步叠轧过程变形量很大，变形铜材内部具有很大的变形储能，再结晶晶核在长大过程中具有很大的驱动力，如果保温时间长，再结晶核心长大趋势就很大，很难控制其长大过程而获得超细晶。

由前面不同应变量变形铜材确定的再结晶退火工艺可以得出：再结晶退火时间为30min时，等效应变 $\varepsilon = 4.0$ 的变形铜材的完成再结晶温度为250℃、等效应变 $\varepsilon = 4.8$ 的变形铜材的完成再结晶温度为220℃、等效应变 $\varepsilon = 5.6$ 的变形铜材的完成再结晶温度为280℃、等效应变 $\varepsilon = 6.4$ 的变形铜材的完成再结晶温度为340℃、等效应变

$\varepsilon=7.2$ 和 $\varepsilon=8.0$ 的变形铜材的完成再结晶温度在 400℃。该组 30min 再结晶时间下确定的不同变形量的变形铜材完成再结晶退火温度表明，等效应变 $\varepsilon$ 低于 6.4 时，随着等效应变的增加，再结晶退火温度下降，主要是由于随着等效应变的增加，变形铜材内部应变增大，内部畸变能增加，提供了再结晶退火时所需的部分驱动力，因而使再结晶退火温度降低。按照该理论，随着变形量的增加，等效应变为 5.6、6.4、7.2、8.0…，变形铜材在相同的退火时间下其再结晶退火温度应该更低。然而试验发现，等效应变大于 6.4 之后，随着等效应变的增加，再结晶退火温度反而上升。针对这一现象进行了深入的研究，以七道次异步叠轧等效应变 $\varepsilon=5.6$ 的变形铜材为例，探索了呈现出这种现象的原因，经 280℃ 再结晶退火 10min、20min、30min 时变形铜材的 TEM 组织如图 5.6 所示。

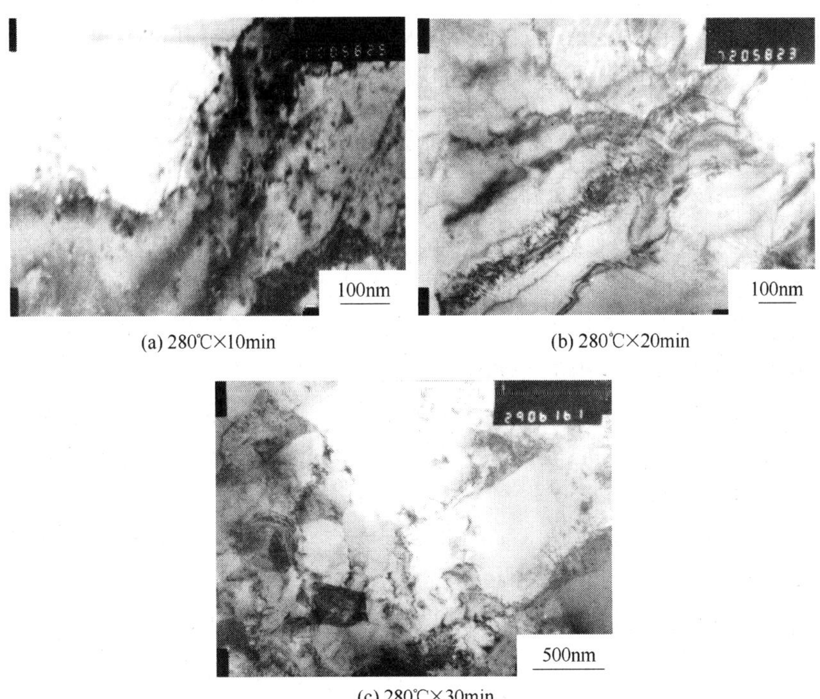


(a) 280℃×10min (b) 280℃×20min

(c) 280℃×30min

图 5.6 七道次异步叠轧等效应变 $\varepsilon=5.6$ 时变形铜材再结晶退火的 TEM 组织

从图 5.6 可以看出，铜材经过七道次异步叠轧变形，其内部的缺陷密度很大，晶界很宽，在晶界上布满了许多缺陷。随着再结晶退火时间的延长，空位等点缺陷逐渐移向位错密度比较高的位置（位错缠结形成的亚晶界）；位错缠结形成的亚晶界也随着退火时间的延长向位错密度比较低的区域逐渐推进，晶粒的长大过程实质上就是形成的晶核周围的高密度位错逐渐向变形区域推进的过程。六道次以上异步叠轧的变形铜材由于变形量很大，内部缺陷密度很高，冷变形金属组织发生再结晶的驱动力 $\Delta G$ 很大，提供了再结晶过程部分驱动力，理论上再结晶温度会下降，这只是从热力学上来分析。

从动力学上来讲，再结晶要进行，还需要一定的热激活才能使再结晶过程能够发生。由于缺陷密度很高，发生再结晶所需的激活能就很大。因此，再结晶退火温度就随变形量的增加而升高。也就是说，铜材异步叠轧变形等效应变大于 6.4 时，再结晶要发生，就需要一定的激活能；等效应变越大，再结晶过程要进行所需激活能越大。因此，再结晶退火所需的温度较高。

### 5.2.7　大变形异步叠轧制备超细晶铜材工艺条件的确定

在五到十道次（$4.0 \leqslant \varepsilon \leqslant 8.0$）异步叠轧变形铜材前期再结晶退火工艺探索的基础上，对不同变形量的变形铜材进行获得小晶粒的最佳再结晶退火工艺试验（再结晶退火时间保持 30min，这样可以考虑等效应变对完成再结晶退火温度的影响）。不同变形量及再结晶退火工艺处理后获得的变形铜材的组织如图 5.7 所示。

当晶粒相对较小，腐蚀效果不是很好，光学显微镜和扫描电镜下无法清楚观察到真实组织，此时采用 EBSD 对变形铜材的晶粒和组织进行观察。

从图 5.7 可以看出，铜材通过等效应变为 4.0 ~ 8.0 的大变形异步叠轧加工，分别在 220℃、250℃、280℃、340℃、400℃、400℃进行 30min 的再结晶退火，可以获得晶粒尺寸为 0.2 ~ 2μm、0.2 ~ 3μm、1 ~ 20μm、5 ~ 10μm、15 ~ 25μm、15 ~ 20μm 的变形铜材。五、六道次异步叠轧变形和再结晶处理后变形铜材的晶粒较小；五、七道次异步叠轧变形和再结晶处理后变形铜材的晶粒大小很不均匀；

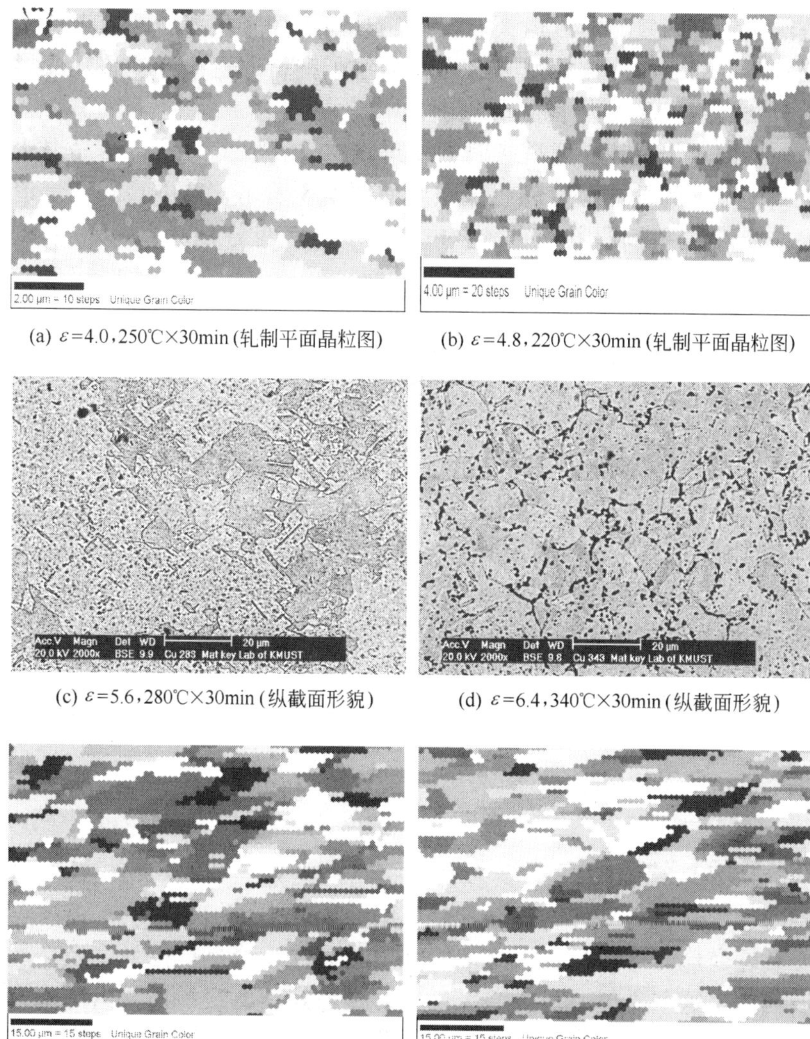


(a) $\varepsilon$=4.0，250℃×30min (轧制平面晶粒图)　(b) $\varepsilon$=4.8，220℃×30min (轧制平面晶粒图)

(c) $\varepsilon$=5.6，280℃×30min (纵截面形貌)　(d) $\varepsilon$=6.4，340℃×30min (纵截面形貌)

(e) $\varepsilon$=7.2，400℃×30min (纵截面晶粒图)　(f) $\varepsilon$=8.0，400℃×30min(纵截面晶粒图)

图 5.7　不同异步叠轧等效应变变形铜材 30min 再结晶退火工艺组织

八、九、十道次异步叠轧变形和再结晶退火处理后变形铜材晶粒大小比较均匀，但晶粒相对比较粗大。由于在铜材五道次和七道次异步叠轧变形前进行了加工硬化退火处理，因此导致铜材变形基体部分区域发生回复，但因退火温度低、时间短，因此部分区域未发生回复或者回复程度比较低，这样就导致了铜材七道次异步叠轧变形后再结晶退火晶粒大小的不均匀性。

不同异步叠轧变形道次时的变形铜材，在以上最佳再结晶退火工艺处理后的抗拉强度和屈服强度如图 5.8 所示，其中，五至十道次变形再结晶铜材拉伸试验对应的等效应变分别为：4.0、4.8、5.6、6.4、7.2、8.0。

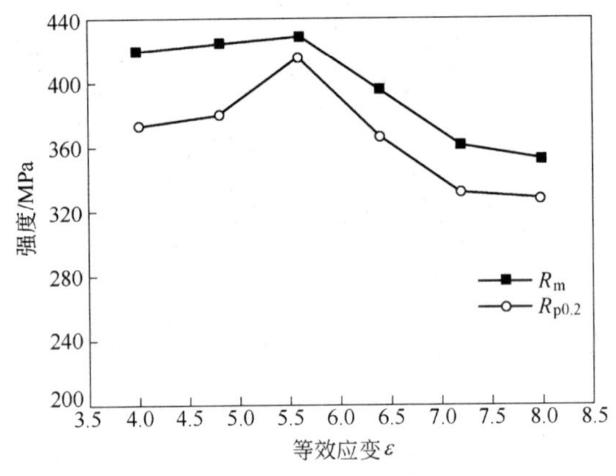


图 5.8 异步叠轧铜材等效应变-抗拉强度、屈服强度关系

从图 5.8 可以看出，异步叠轧再结晶退火的变形铜材抗拉强度相对于加工前明显升高，尤其是屈服强度增加更加明显。七道次异步叠轧变形并再结晶退火处理的强度最高，无论是抗拉强度还是屈服强度，这主要是由于其道次变形再结晶处理后变形铜材内部的组织为部分大晶粒和部分小晶粒的混合组织，使变形铜材的强度和塑性均提高[224]。七道次异步叠轧变形铜材大晶粒和小晶粒共同存在主要是由于在七道次轧制前进行了去应力退火，使变形铜材部分区域组织发生回复，部分点缺陷甚至部分位错消失，而在其他部分区域位错密度仍然很高，这样在七道次异步叠轧变形再结晶退火时便形成大晶粒和小晶粒并存的现象。五道次和六道次异步叠轧变形铜材因再结晶退火晶粒相对八道次及以上道次异步叠轧变形铜材再结晶

晶粒较小，因此强度较高。

以上铜材异步叠轧不同变形道次及再结晶退火试验及分析表明，铜材通过异步叠轧变形及再结晶退火处理，晶粒得到细化。奇数道次变形及再结晶退火处理后获得的组织，晶粒大小不是很均匀，主要原因是在奇数道次轧制前进行了加工硬化去应力退火，变形铜材内部回复程度不是很均匀，道次越高，影响越大。偶数道次轧制及再结晶退火处理后变形铜材组织相对比较均匀。铜材在低于六道次异步叠轧变形时，随着变形道次的增加，变形铜材内部畸变能增加，提供了再结晶退火所需的部分能量，使再结晶退火温度降低；铜材在高于六道次异步叠轧变形时，随着变形道次的增加，内部缺陷密度增加，要进行再结晶过程所需激活能增大，再结晶退火所需温度提高。

铜材五道次和六道次异步叠轧变形相对于七道次及其以上道次异步叠轧时加工道次少，再结晶退火温度也低，组织相对比较细小均匀。异步叠轧道次越多，变形量越大，对轧机的轧制功率有更高的要求，同时应变量越大，工艺过程越复杂。通过分析并结合实际生产的可行性，铜材细化制备工艺采用六道次异步叠轧，220℃再结晶退火30min左右。采用X射线衍射对该工艺下制备的变形铜材晶粒大小进行了测量，对（111）、（200）、（220）、（311）、（222）晶面间距进行了计算，结果如表5.6所示。同时采用透射电镜观察了晶粒的组织，结果如图5.9所示。

**表5.6 六道次异步叠轧等效应变 $\varepsilon=4.8$ 及220℃×30min再结晶退火时变形铜材晶粒大小**

| 参　数 | 晶面（*hkl*） | H. G 法计算的晶面间距/nm | H. C 法计算的晶面间距/nm |
|---|---|---|---|
| $A=3.615809$<br>Dev = 0.001257 | 111 | 571 | 1318 |
| | 200 | 398 | 712 |
| | 220 | 370 | 607 |
| | 311 | 280 | 379 |
| | 222 | 388 | 698 |

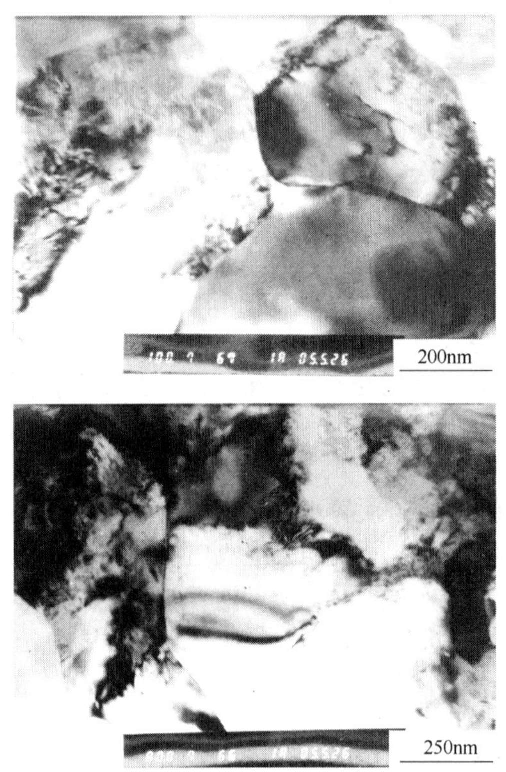


图 5.9 六道次异步叠轧等效应变 $\varepsilon=4.8$ 及 220℃ ×30min 再结晶退火时变形铜材 TEM 组织

从表 5.6 可以看出，经六道次异步叠轧等效应变 $\varepsilon=4.8$ 的变形铜材经 220℃ ×30min 再结晶退火处理后，获得的超细晶铜材的平均晶粒大小在 600 ~700nm。从图 5.9 可以看出，获得的变形铜材的晶粒尺寸在 500nm 左右。这个粒径范围与 X 射线衍射测量晶粒度大小值比较相符。

以上铜材大变形异步叠轧和再结晶退火工艺的研究表明，异步叠轧等效应变 $\varepsilon=4.8$ 及再结晶退火工艺为 220℃ ×30min 时，可以制备出晶粒大小在 500nm 的超细晶铜材。

# 6 大变形异步叠轧制备超细晶铜材晶粒细化机制及织构形成机制

大变形异步叠轧技术在制备超细晶铜材过程中由于剪切力的存在和依靠累积变形达到大变形，起到细化晶粒的效果，制备出了具有超细微结构组织的超细晶铜材。组织演变过程能够反映晶粒细化机制，织构取向变化过程能够表明在晶粒细化中原始大晶粒变化成细小晶粒的演变过程。因此，以下主要介绍大变形异步叠轧制备超细晶铜材过程的组织演变过程，获得该体系制备过程的晶粒细化机制和织构形成机制。

## 6.1 大变形异步叠轧制备超细晶铜材晶粒细化机制

### 6.1.1 大变形异步叠轧制备超细晶铜材组织演变过程

异步叠轧制备超细晶铜材工艺过程主要是对粗晶铜材（晶粒平均大小在 30 ~ 50μm）进行异步叠轧，使晶粒得到细化获得超细晶铜材；当等效应变达到一定量时进行再结晶退火，从而获得均匀稳定的超细晶组织。本章主要观察异步叠轧工艺过程中组织的变化情况，可获得大变形异步叠轧细化晶粒机制，同时对比同步累积叠轧和异步累积叠轧在晶粒细化机制方面的差异。首先采用被散射电子衍射（EBSD）来观察分别垂直法向（ND）、轧向（RD）、横向（TD）三个面上组织的变化，主要从 EBSD 晶粒图来观察并分析异步轧制过程中铜材的组织转变过程。但因为随着轧制道次的增加，铜材内应力也随之增大，对于 EBSD 数据的采集造成一定的困难，在这种情况下，采用扫描电镜（SEM）观察微观组织形貌，采用透射电镜（TEM）观察更细观的缺陷结构。

铜材的板面、纵向（纵截面）以及横向（横截面）如图 6.1 所示，同时也给出各方向检测面获得的照片对应于铜材的加工方向。

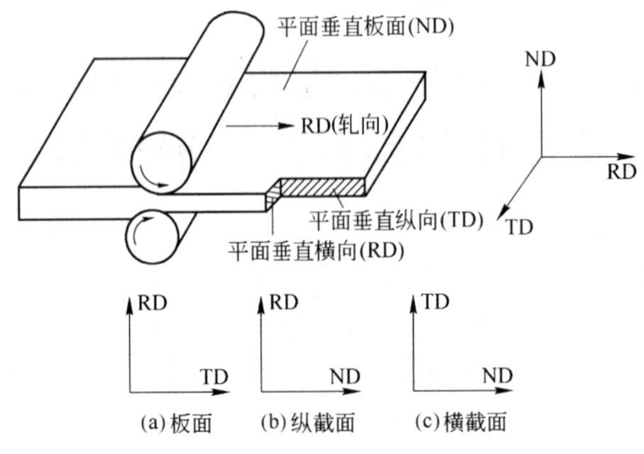


图 6.1　铜材检测面示意图

#### 6.1.1.1　大变形异步叠轧前铜材的组织形态

异步轧制前对原始铜材进行 600℃ ×1h 的再结晶均匀化退火，用扫描电镜和 EBSD 观察铜材板面的 SEM 形貌及晶粒，用扫描电镜观察纵截面以及横截面的形貌，其组织特征如图 6.2 所示。从图 6.2 可以看出，异步叠轧前的铜材组织中存在许多退火孪晶，这对于再结晶退火来说是无法避免的。但整体来看，铜材组织还是相对比较均匀的，平均晶粒尺寸在 30 ~ 50μm 之间。

#### 6.1.1.2　一道次异步叠轧等效应变 $\varepsilon = 0.8$ 时变形铜材的组织形态

一道次异步叠轧（等效应变 $\varepsilon = 0.8$）后变形铜材的 EBSD 晶粒图和 SEM 形貌分别如图 6.3 所示。

从图 6.3 可以看出：一道次异步叠轧（等效应变 $\varepsilon = 0.8$）时变形铜材轧制方向的组织具有相同的特征。点与点之间的取向相差为 5°的晶粒图中存在许多白点，而且这些白点主要出现在晶界处。一般来说，存在缺陷的位置其图像质量不好，因为缺陷处晶面的原子排列不规则，因此采集数据时获得的衍射花样带相对于数据库中标准带存在一定的差异，因此标定晶面指数时无法确定其真实位向，从反面论证了变形过程中晶界处的变形最大。

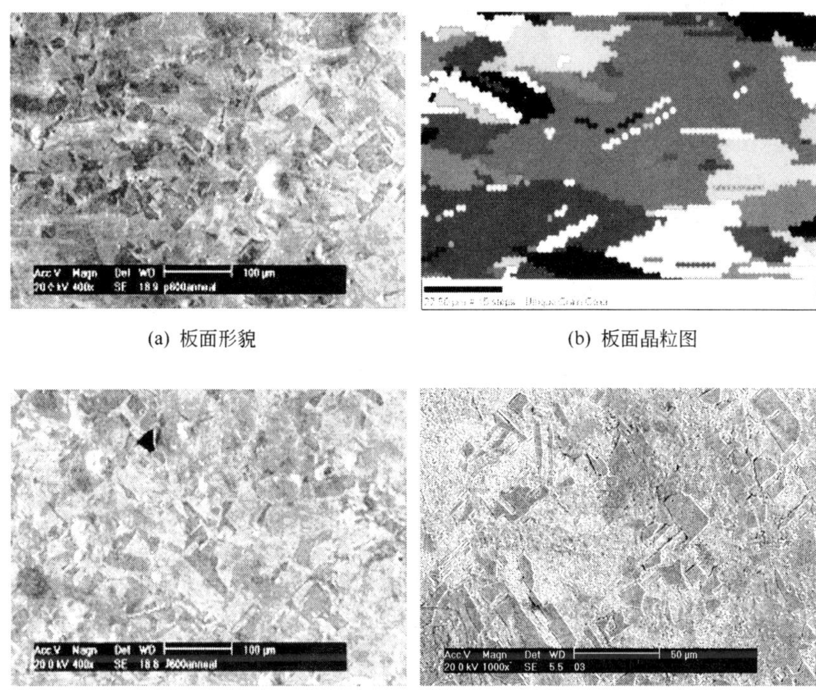


(a) 板面形貌　　(b) 板面晶粒图

(c) 纵截面形貌　　(d) 横截面形貌

图 6.2　异步叠轧前铜材 SEM 形貌及 EBSD 晶粒图

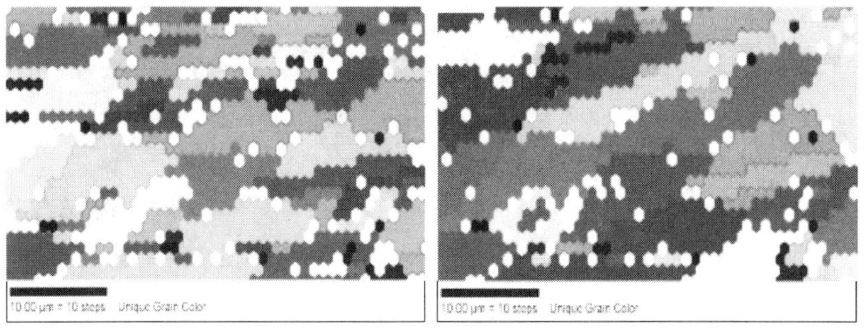


($a_1$) 采集点之间的取向差：5°　　($a_1'$) 采集点之间的取向差：15°

——→ 轧制方向(轧制平面)晶粒图

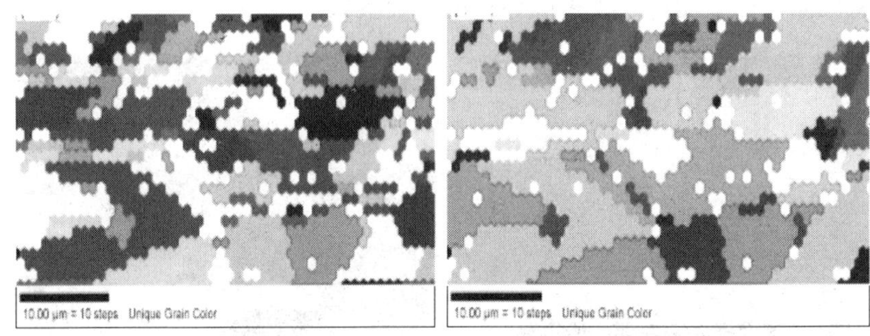


($a_2$) 采集点之间的取向差：5°　　($a_2'$) 采集点之间的取向差：15°

——► 轧制方向(轧制平面)晶粒图

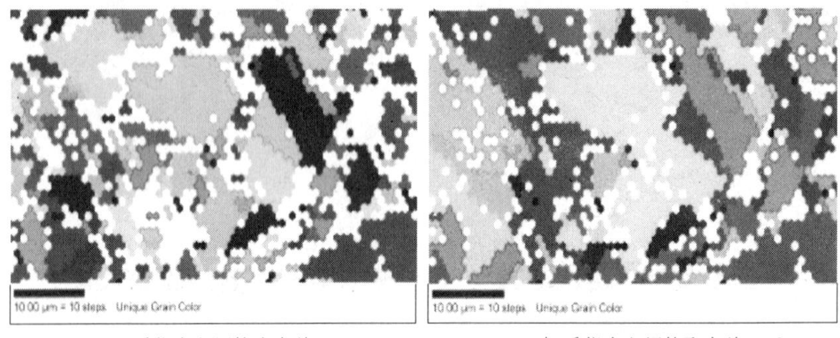


($b_1$) 采集点之间的取向差：5°　　($b_1'$) 采集点之间的取向差：15°

——► 轧制方向(纵截面)晶粒图

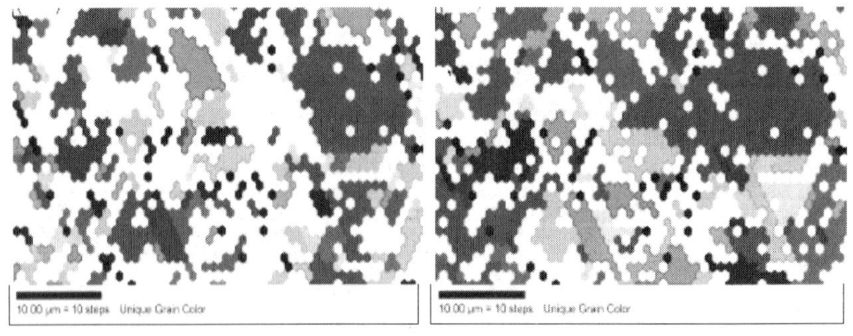


($b_2$) 采集点之间的取向差：5°　　($b_2'$) 采集点之间的取向差：15°

——► 轧制方向(纵截面)晶粒图

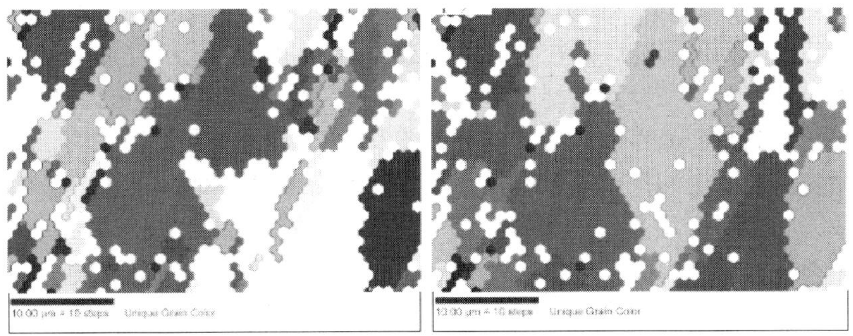

(c) 采集点之间的取向差：5°　　　　(c′) 采集点之间的取向差：15°

横截面晶粒图

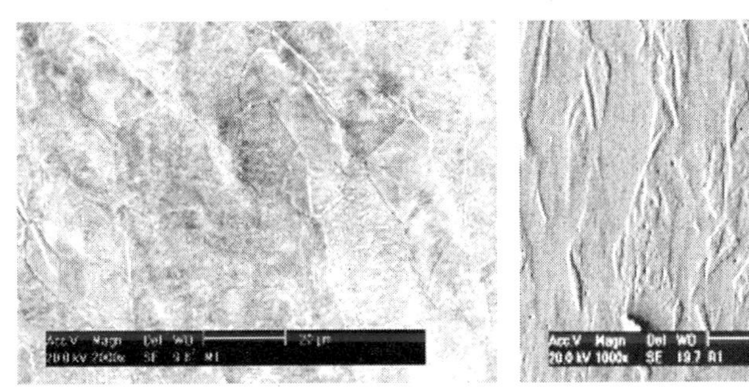

(d) 轧制平面形貌

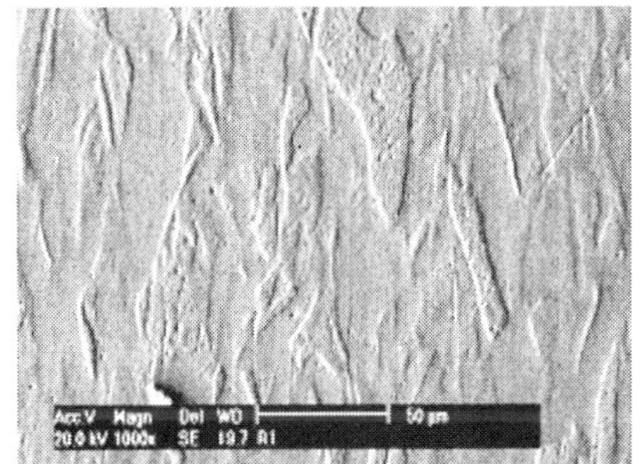


(e) 纵截面形貌

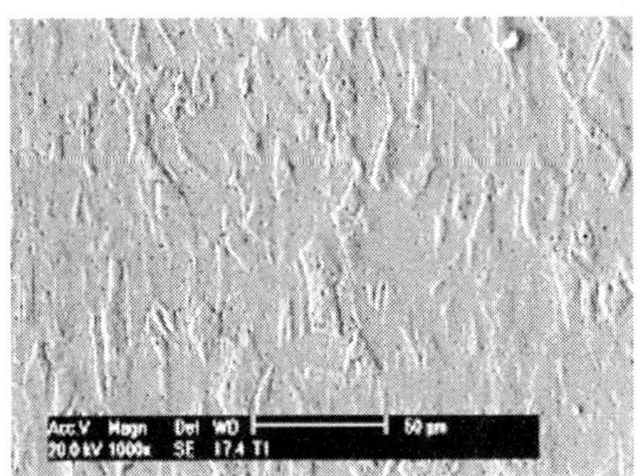


(f) 横截面形貌

图 6.3　一道次异步叠轧等效应变 $\varepsilon = 0.8$ 时变形铜材 SEM 形貌及 EBSD 晶粒图

图6.3（$a_1$）、（$a_2$）以及（$a'_1$）、（$a'_2$）为同一变形铜材不同区域轧制平面的EBSD晶粒图，从图中可以看出：在轧制过程中晶粒被拉长，铜材在异步轧制方向上发生流变，轧制方向变得更为明显。对比轧制平面晶界以5°建立的晶粒图及以15°建立的晶粒图表明，大角度晶粒图中的每个晶粒是由小角度晶界晶粒图中的几个小晶粒组成，其中包含几个5°的小角度晶界，说明经过一道次（$\varepsilon=0.8$）异步叠轧，部分大晶粒内部发生变化，由几个具有小角度晶界的亚晶组成，发生这种变化的区域占总区域的三分之二左右。

图6.3（$b_1$）、（$b_2$）以及（$b'_1$）、（$b'_2$）为同一变形铜材不同区域纵截面EBSD晶粒图。从图中可以看出，变形时晶界处的变化最大，因为图中大部分白点都出现在晶粒与晶粒交界处。通过EBSD分析发现，绝大部分白点处的CI（置信因子）值很低而其IQ（图像质量）值又很高，因此衍射花样扭曲得比较严重，而衍射花样反映了晶面晶格点阵的情况，白点出现的位置表明大变形时晶粒间界面处晶格点阵被破坏得更严重，该处原子晶面与晶粒内部相比发生了更严重的畸变。同时，该组晶粒图中相对比较大的晶粒内部也出现了白点，表明异步叠轧大变形中变形铜材大晶粒中晶格点阵发生的变化比较大。此外，该组图还表明：变形铜材中三分之二的大晶粒都是由亚晶组成，亚晶之间的取向差为5°。纵截面和轧制平面的差异在于：纵截面反映出变形铜材在异步叠轧过程中沿板厚方向大晶粒转变为具有小角度取向亚晶的数量不同，细化程度不同，间接反映出异步叠轧过程沿板厚度方向受力分布不均匀，力的大小沿变形铜材表面向变形铜材中性面由大到小逐渐减小，因此厚度方向上接近表面的晶粒转变为亚晶的趋势较中心部位大。从该状态下的SEM形貌图中只能观察到晶粒被压扁并沿轧向延展，更详细的微观组织特征如部分大晶粒转变成几个小亚晶的情况无法观察到。

图6.3（c）、（c′）为变形铜材横截面的EBSD晶粒图。从图中可以看出，晶粒与晶粒交界处都形成了锯齿状，比较规整，说明由于剪切应力的存在导致搓轧区的出现加剧了晶粒内部以及晶粒之间的相互摩擦作用。在异步叠轧变形过程中首先在晶界处、

部分晶面间发生了滑移，部分晶粒内部也存在平行于晶界处滑移方向的规则白点，表明在晶粒内部也发生了部分晶面的滑移，这就是异步叠轧不同于同步叠轧的地方。与其对应的 SEM 形貌图也只能观察到晶粒被压扁现象，个别区域也可以观察到发生滑移后的规则平直晶界。

综合一道次异步叠轧（等效应变 $\varepsilon=0.8$）变形铜材三个方向的组织观察可以得出，异步叠轧过程中当等效应变 $\varepsilon=0.8$ 时，变形铜材的晶粒被压扁且沿轧制方向被拉长，三个方向上的轧件受力不相同，沿厚度方向轧件由表向里受力逐渐减小，大晶粒在三个观察方向上转变为亚晶的程度不同；当轧件经过搓轧区，变形铜材的晶粒内部及晶粒间摩擦加剧，晶界处晶粒与晶粒之间发生滑动，个别晶粒内部晶面也发生滑移，同时由于异步叠轧的作用，三分之二的大晶粒内部都转变为许多具有小角度晶界的亚晶，即这部分大晶粒被碎化成许多小亚晶且大部分亚晶尺寸在 5μm，部分亚晶尺寸小于 5μm。

#### 6.1.1.3 二道次异步叠轧等效应变 $\varepsilon=1.6$ 时及去应力退火后变形铜材组织形态

二道次异步叠轧（等效应变 $\varepsilon=1.6$）后变形铜材的 EBSD 晶粒图和 SEM 形貌分别如图 6.4 所示。

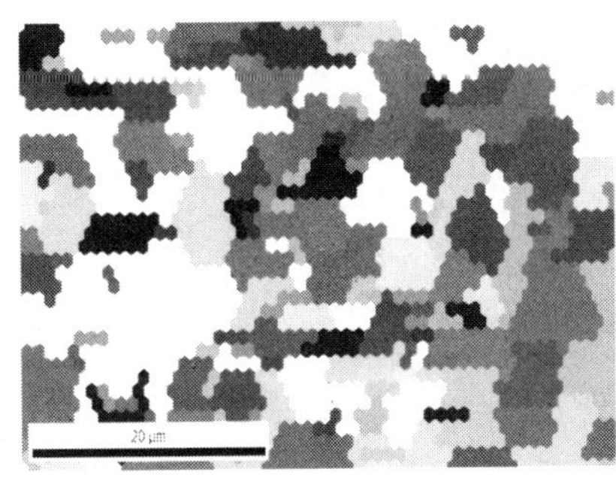


(a$_1$) 采集点之间的取向差：15°

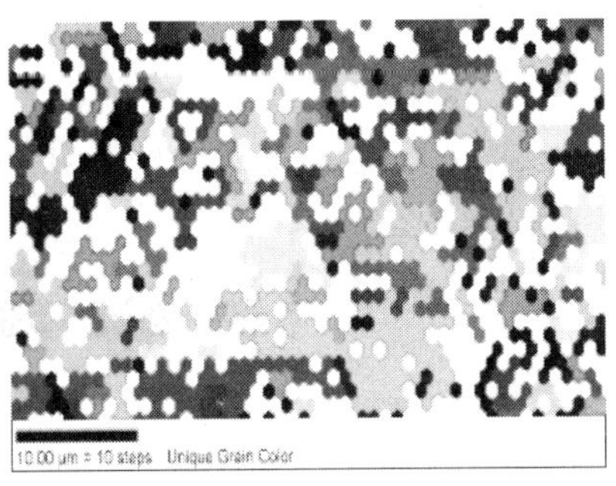


(a$_2$) 采集点之间的取向差：15°

——→ 轧制方向（轧制平面）晶粒图

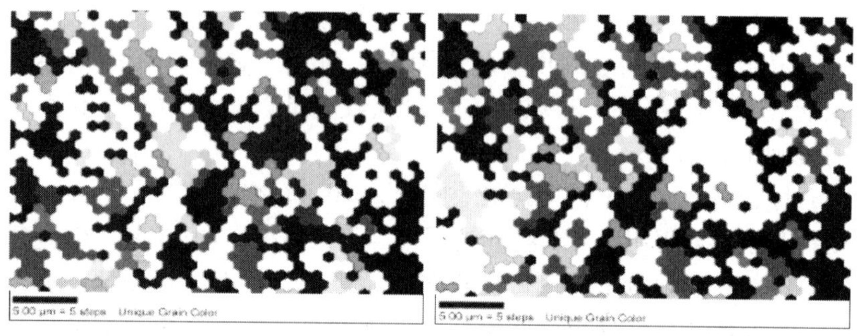


(b) 采集点之间的取向差：5°　　(b′) 采集点之间的取向差：15°

——→ 轧制方向(横截面)晶粒图

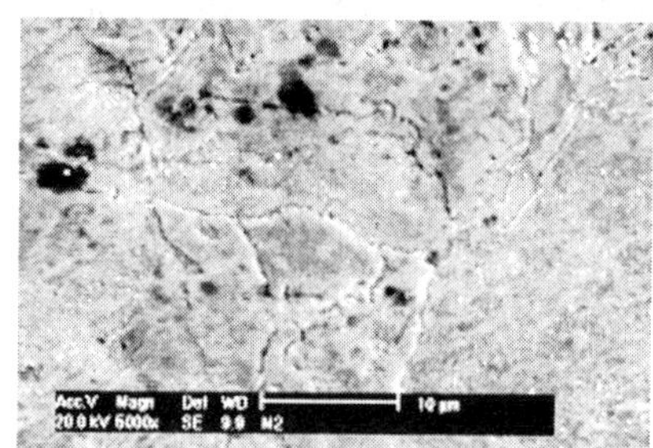


(c) 轧制平面形貌

(d) 纵截面形貌

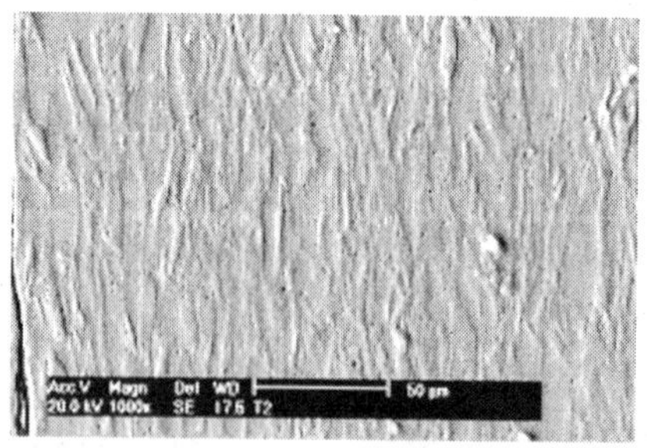


(e) 横截面形貌

图 6.4　二道次异步叠轧等效应变 $\varepsilon = 1.6$ 时变形铜材 EBSD 晶粒图及 SEM 形貌

从图6.4可以看出，EBSD晶粒图中的图像质量都比较差，主要是因为随着变形等效应变的增加，变形铜材的内应力随之增加，晶格畸变越来越严重，晶面间距发生了变化，因此部分采集点无法获得衍射花样，这些点的晶体学位向也就无法确定，在晶粒图中反映出来就是坏点（所有EBSD晶粒图中的坏点均用黑点表示）。白点与黑点的区别在于，白点是采集该点时可以获得图像质量很高的衍射花样。由于该点的衍射花样对应于未发生变形铜材的衍射花样发生了严重的扭曲，因此无法确定其准确的晶向。而黑点则是由于采集点的应力过大而无法获得衍射花样。

从轧制方向（轧制平面）晶粒图及轧制平面形貌图可以看出，经二道次异步叠轧后，变形铜材晶粒被碎化，碎化后的晶粒尺寸为5μm。与异步叠轧等效应变 $\varepsilon = 0.8$ 获得的变形铜材相比，其差别在于，等效应变 $\varepsilon = 0.8$ 时，变形铜材只有三分之二的大晶粒内部转变为5μm的亚晶。当异步叠轧等效应变 $\varepsilon$ 从0.8增加到1.6时，所有大晶粒都被碎化到尺寸为5μm的亚晶。

从轧制方向（横截面）的晶粒图可以看出，由于异步叠轧过程剪切力的作用，变形铜材晶粒及晶界之间的摩擦加剧。剪切力的作用使大部分晶粒之间及晶粒内部发生滑移，发生在晶粒内部的滑移将原来的晶粒分割为几个小亚晶，亚晶与亚晶之间部分只是发生一定距离的晶面滑动，因此亚晶之间具有平行平直的晶界。当异步叠轧等效应变 $\varepsilon = 1.6$ 时，所有变形铜材大晶粒都被碎化，碎化的晶粒大小在5μm。异步叠轧过程剪切力的作用使晶粒之间及晶粒内部大部分晶面之间发生滑动，产生了大量的平行平直的晶界。

二道次异步叠轧（等效应变 $\varepsilon = 1.6$）并经130℃×30min去应力退火后变形铜材的EBSD晶粒图、SEM形貌以及TEM组织分别如图6.5所示。

从图6.5可以看出，与二道次异步叠轧未经去应力退火时变形铜材的EBSD晶粒图像相比，经二道次异步叠轧再采用130℃×30min去应力退火后变形铜材的EBSD晶粒图像质量都有所提高，坏点减少了许多，说明二道次异步叠轧的变形铜材再经适当去应力退火工艺处理其内应力有所减小。

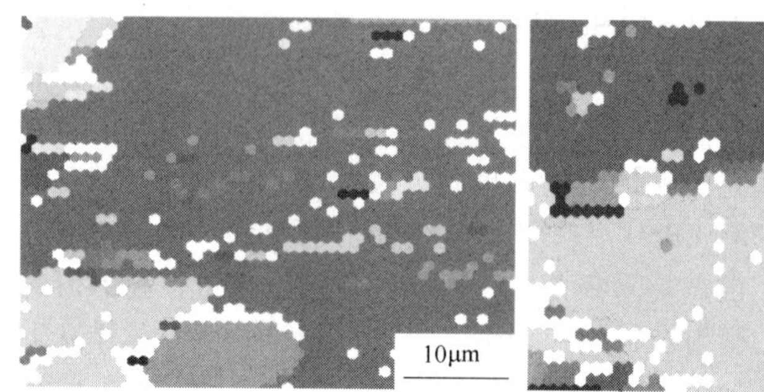


(a$_1$) 采集点之间的取向差：15°　　(a$_2$) 采集点之间的取向差：15°

——→ 轧制方向(轧制平面)晶粒图

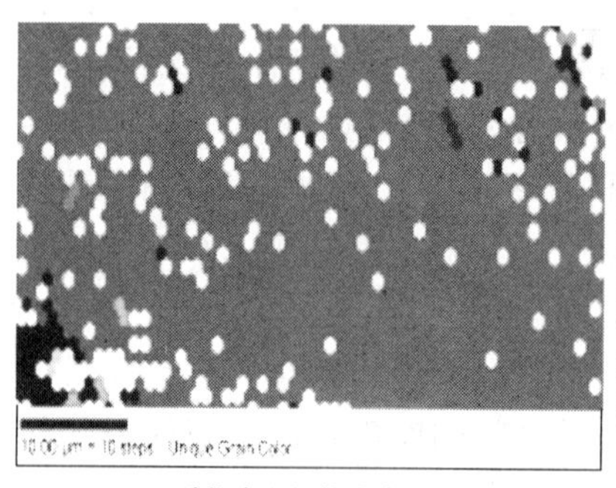

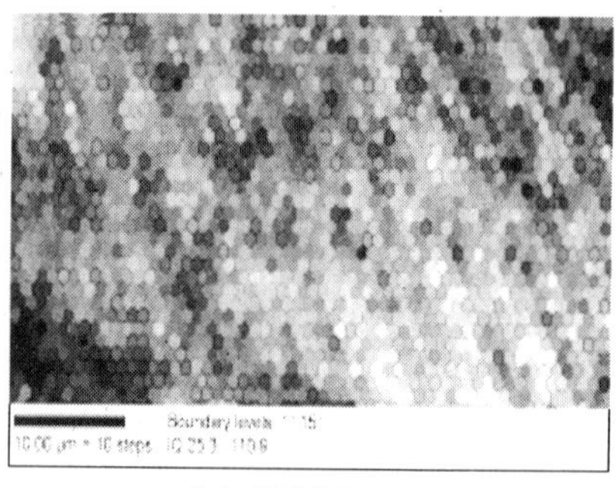

(a$_3$) 采集点之间的取向差：15°　　(a$_4$) 晶界分布

——→ 轧制方向(轧制平面)晶粒图及晶界分布

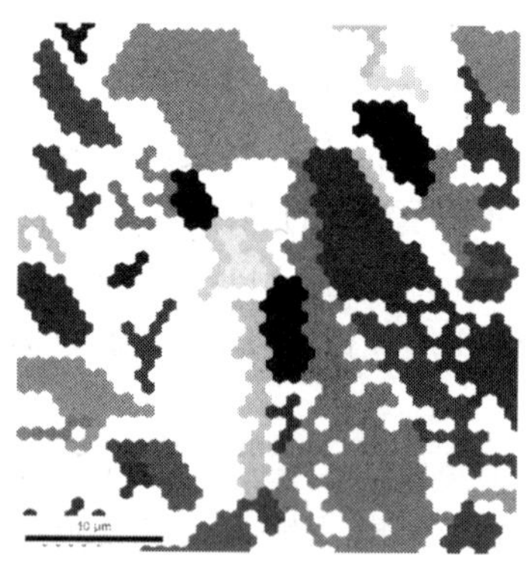

(b$_1$) 采集点之间的取向差：15°　　(b$_2$) 采集点之间的取向差：15°

横截面晶粒图

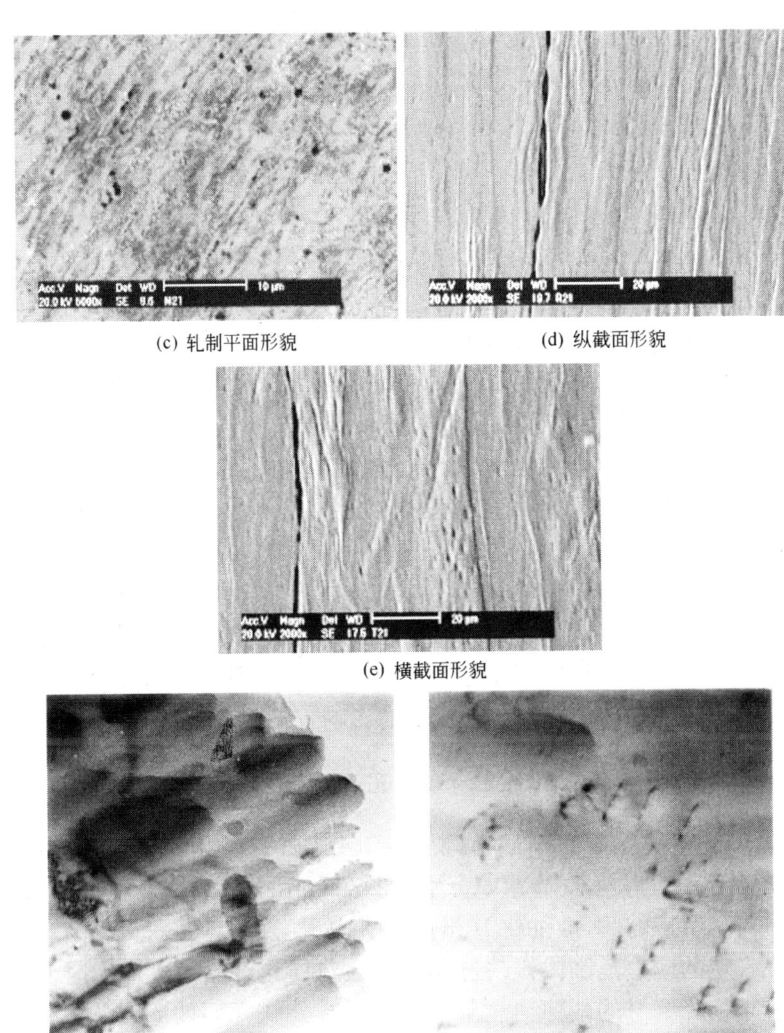


(c) 轧制平面形貌

(d) 纵截面形貌

(e) 横截面形貌

(f) 轧制平面 TEM 组织

图 6.5 二道次异步叠轧等效应变 $\varepsilon=1.6$ 及 130℃ ×30min 退火后变形铜材 EBSD 晶粒图、SEM 形貌及 TEM 组织

从轧制方向（轧制平面）三个不同方向的晶粒图可以看出，经二道次异步叠轧及 130℃ ×30min 去应力退火后的变形铜材晶粒尺寸较未退火时变化很大，其中最明显变化的是轧制平面的组织状态。经去应力退火后，二道次异步叠轧的变形铜材大晶粒碎化成小晶粒的取向在去应力退火过程中发生了转动。但从图 6.5（$a_3$）中还可以观察到，以 15°为取向差建立的晶粒图中变形铜材的大晶粒内部仍含有大量的 5°小角度晶界，说明去应力退火过程中变形铜材大晶粒碎化成小晶粒的取向虽然发生了转动，但取向转动角度却不大。

从二道次异步叠轧及 130℃ ×30min 去应力退火后的变形铜材轧制平面 TEM 组织可以看出，变形铜材晶粒被拉长的趋势非常明显，但变形铜材内部的位错含量很少且位错分布不是集中在部分区域，而是比较均匀地排列分布在晶粒内部以及晶界处，这表明去应力退火工艺选择较为适宜，一方面，去应力退火使变形铜材内部因累积叠轧而局部缺陷聚集的区域变得均匀化，使轧制过程在这些局部区域不发生应力集中而开裂；另一方面，缺陷的均匀化使累积异步叠轧能够继续进行，消除了加工硬化，同时变形铜材大晶粒内部亚晶的存在表明去应力退火对累积应变的影响效果不大。

#### 6.1.1.4　三道次异步叠轧等效应变 $\varepsilon=2.4$ 时变形铜材的组织形态

三道次异步叠轧（等效应变 $\varepsilon=2.4$）后变形铜材的 EBSD 晶粒图、SEM 形貌以及 TEM 组织分别如图 6.6 所示。

对于特定的 SEM 和 CCD 摄像头，EBSD 采集点并获得衍射花样是在一定的应力范围内，超过获得衍射花样允许的最大应力时便无法获得检测铜材的任何信息。三道次异步叠轧（等效应变 $\varepsilon=2.4$）后变形铜材只有在轧制平面能够获得晶粒图，而纵截面和横截面的晶粒图都无法获得，只能在个别点得到衍射花样，而且衍射花样的图像质量也不是很好。四道次也是如此，这也说明了在异步叠轧过程中，变形铜材在三个方向上的应力状态有所差异。

从图 6.6 轧制平面以 15°为取向差建立的 EBSD 晶粒图可以看出，三道次异步叠轧（等效应变 $\varepsilon=2.4$）后变形铜材的部分大晶粒碎化为亚晶且部分亚晶取向发生转动，与其他亚晶之间形成大

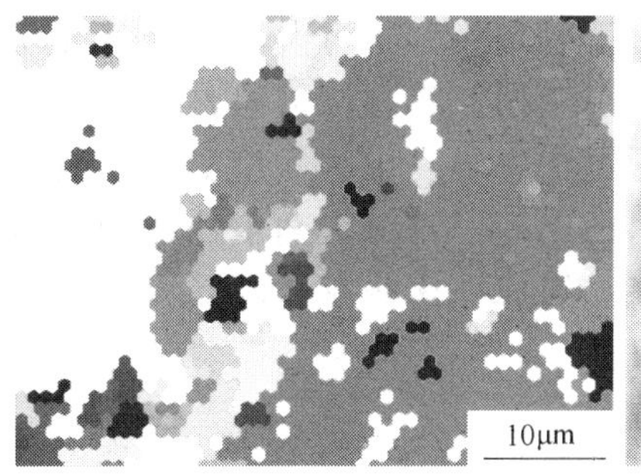


(a) 采集点之间的取向差:15°

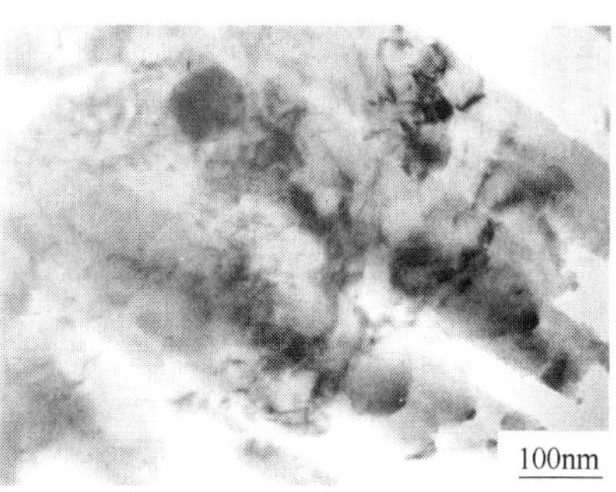


(b) 轧制平面 TEM 组织

——→ 轧制方向(轧制平面)晶粒图及 TEM 组织图

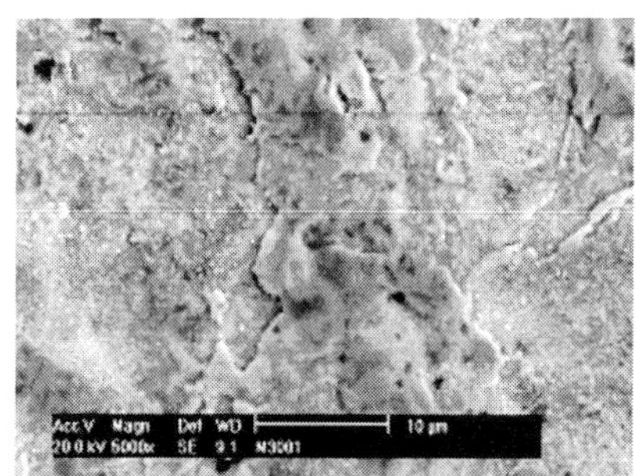

(c) 轧制平面形貌

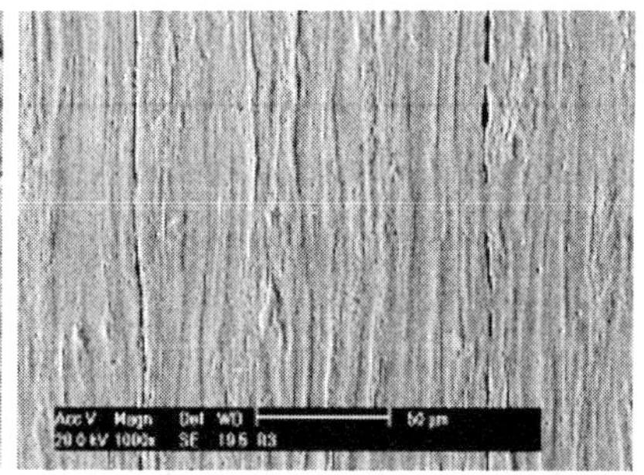

(d) 纵截面形貌

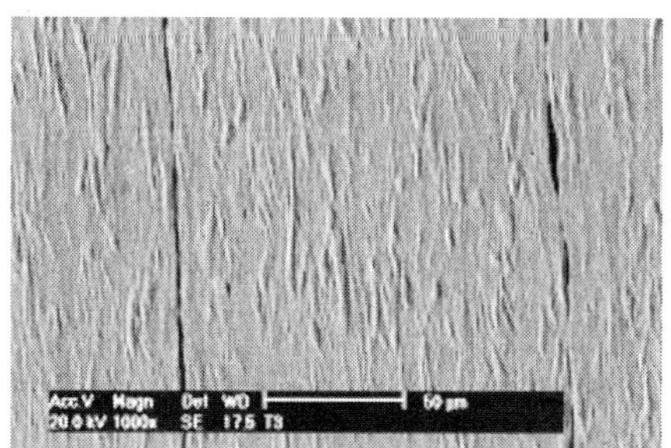

(e) 横截面形貌

图 6.6 三道次异步叠轧等效应变 $\varepsilon = 2.4$ 时变形铜材 EBSD 晶粒图、SEM 形貌及 TEM 组织

角度晶界，同时出现了部分碎化的大角度小晶粒。TEM 组织表明，部分大晶粒内部含有部分位错偏聚的聚集区，将大晶粒分割成几个小区域，也就是被分割为几个小亚晶，部分位错偏聚缠结形成的亚晶界在三道次异步叠轧变形过程中转变为大角度晶界，因此在三道次异步叠轧后变形铜材内部出现了部分大角度小晶粒，同时大部分区域的大晶粒由许多亚晶组成，这些亚晶的晶界又由高密度位错组成。

#### 6.1.1.5　四道次异步叠轧等效应变 $\varepsilon=3.2$ 时及去应力退火后变形铜材组织形态

四道次异步叠轧（等效应变 $\varepsilon=3.2$）后变形铜材的 EBSD 晶粒图、SEM 形貌以及 TEM 组织分别如图 6.7 所示。

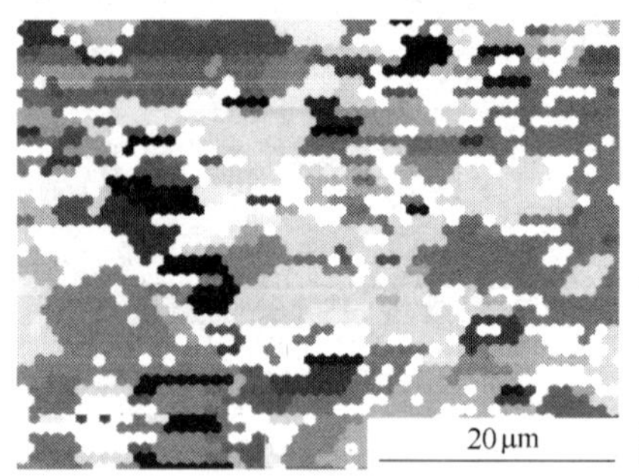


(a) 采集点之间的取向差：15°

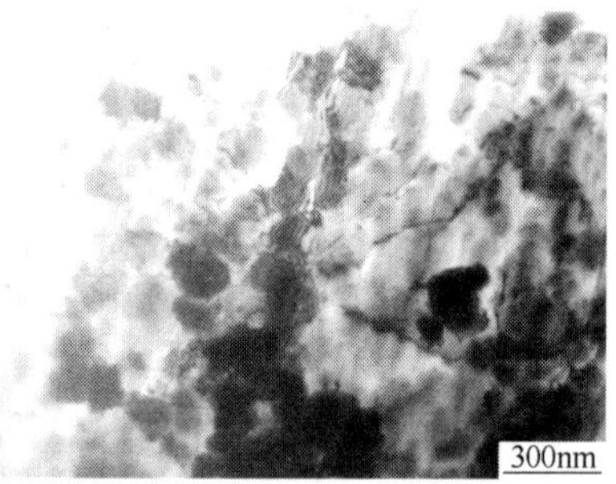


(b) 轧制平面 TEM 组织

——→ 轧制方向(轧制平面)晶粒图及 TEM 组织图

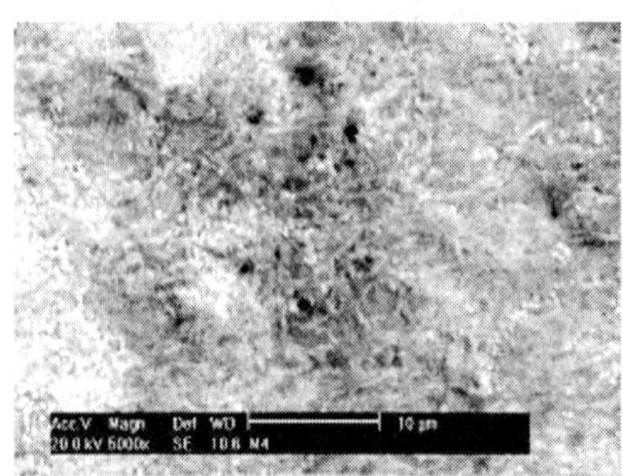


(c) 轧制平面形貌

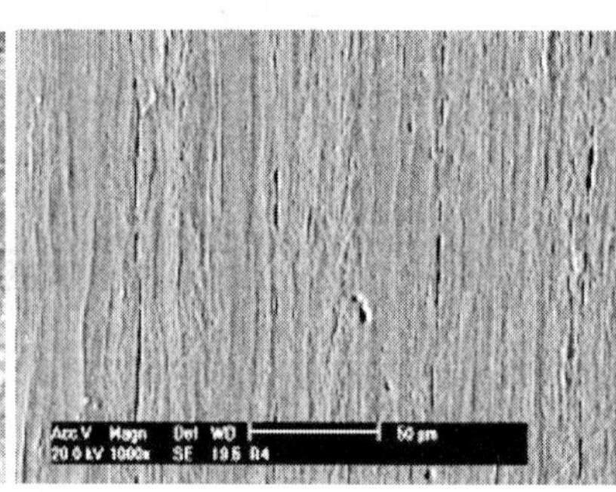


(d) 纵截面形貌

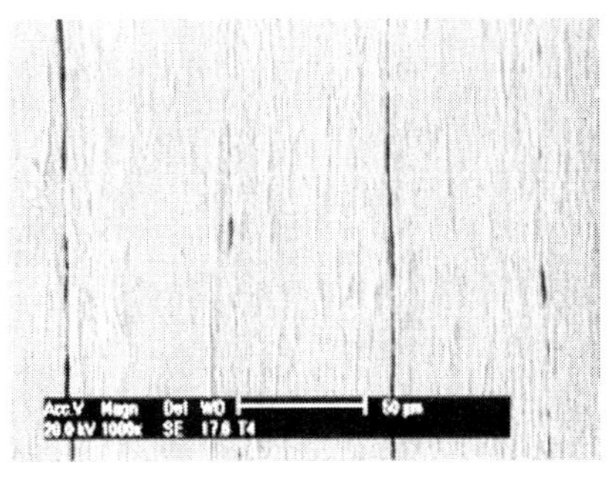


(e) 横截面形貌

图 6.7 四道次异步叠轧等效应变 $\varepsilon=3.2$ 时变形铜材 EBSD 晶粒图、SEM 形貌及 TEM 组织

从图 6.7 可以看出，四道次异步叠轧（等效应变 $\varepsilon=3.2$）后变形铜材的晶粒完全碎化成具有大角度晶界的小晶粒，碎化的晶粒大小为 5～10μm，局部区域存在一定的位错缠结。只是在一些局部的区域变形铜材碎化的晶粒比较大，但其均匀性相对还比较好。在该工艺条件下无法体现出异步叠轧过程搓轧区剪应力的作用，只能体现出累积叠轧的作用。

四道次异步叠轧（等效应变 $\varepsilon=3.2$）并经 130℃ ×30min 去应力退火后变形铜材的 EBSD 晶粒图、SEM 形貌以及 TEM 组织分别如图 6.8 所示。

从图 6.8 可以看出，四道次异步叠轧（等效应变 $\varepsilon=3.2$）并经 130℃ ×30min 去应力退火后变形铜材的晶粒又有所长大。仔细观察发现，去应力退火后部分小晶粒周围高密度缺陷区的缺陷发生重新排列，例如发生位错的分解及对消等，因此这些区域有所变大，即 EBSD 晶粒图中白点所在的位置，碎化的晶粒尺寸变化不大。通过 TEM 组织发现，制样过程中晶界被溶解，因此部分晶粒之间存在的缺陷密度比较高的区域无法被观察到，但仍然可以观察到碎化的大角度小晶粒，晶粒的大小不是很均匀。

#### 6.1.1.6 五道次异步叠轧等效应变 $\varepsilon=4.0$ 时变形铜材组织形态

五道次异步叠轧（等效应变 $\varepsilon=4.0$）时，由于变形铜材的内应

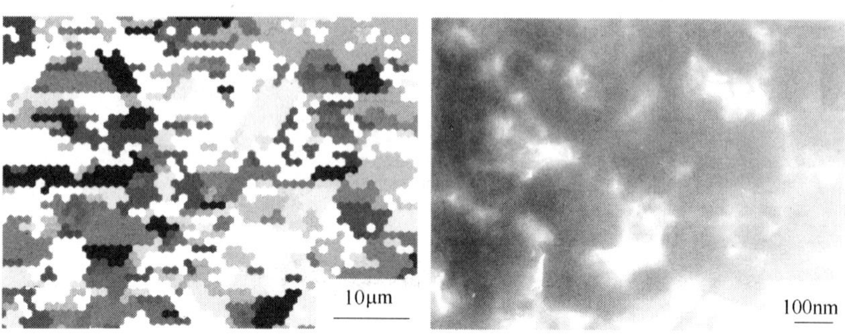


(a) 采集点之间的取向差：15°　　(b) 轧制平面 TEM 组织

——► 轧制方向(轧制平面)晶粒图及 TEM 组织图

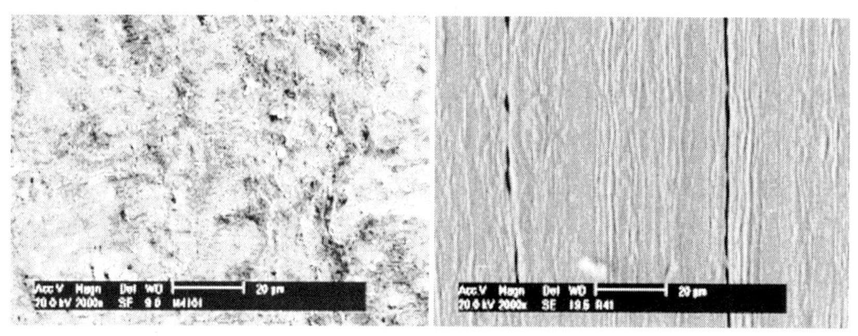


(c) 轧制平面形貌　　(d) 纵截面形貌

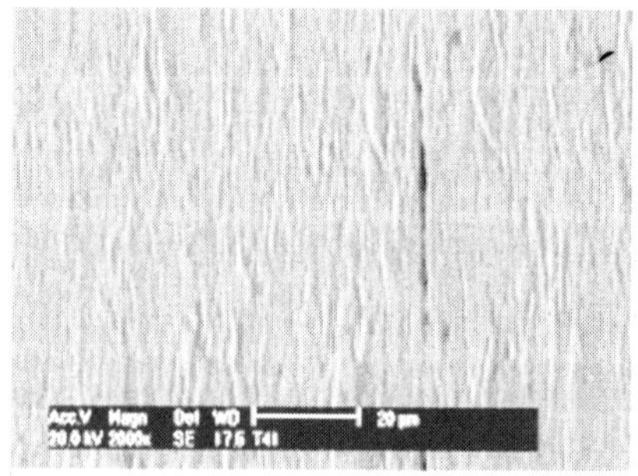


(e) 横截面形貌

图 6.8　四道次异步叠轧等效应变 $\varepsilon = 3.2$ 及 130℃ ×30min 去应力退火后变形铜材 EBSD 晶粒图、SEM 形貌及 TEM 组织

力过大或材料内部缺陷过多而无法获得其 EBSD 衍射花样，只有通过 SEM 和 TEM 来观察变形铜材的组织形态，如图 6.9 所示。

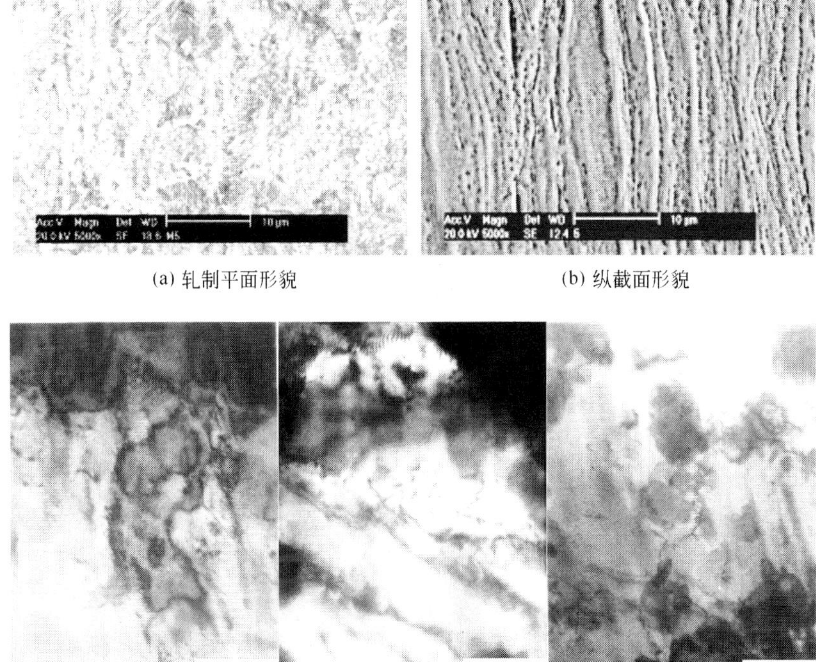


(a) 轧制平面形貌　　(b) 纵截面形貌

(c) 轧制平面 TEM 组织

图 6.9 五道次异步叠轧等效应变 $\varepsilon=4.0$ 时变形铜材 SEM 形貌及 TEM 组织

从图 6.9 轧制平面形貌可以看出，五道次异步叠轧（等效应变 $\varepsilon=4.0$）的变形铜材晶粒完全碎化，但无法观察到碎化晶粒的大小。

从图 6.9 纵截面形貌可以看出变形铜材的轧制组织。纵观以上所有异步叠轧等效应变下变形铜材纵截面和横截面形貌测试结果，由于腐蚀过程中无法腐蚀出碎化晶粒的形貌，因此只能腐蚀出变形铜材组织的形态。通过对异步叠轧等效应变分别为 0.8 和 1.6 时变形铜材纵截面和横截面的 EBSD 晶粒图的分析表明，变形铜材的晶粒为碎化的小亚晶，但其 SEM 形貌体现出的只是轧制组织，因此变形铜材纵截面的纤维组织应该由大量的小亚晶或小晶粒组成。

从图 6.9 轧制平面 TEM 组织可以看出，在部分区域，位错排列并缠结在晶粒边缘或者晶粒内部。和等效应变小于 4.0 的变形铜材的组织相比，位错密度明显增加，局部区域的位错缠结形成了位错胞状亚结构，大部分区域形成细小的晶粒，形成的小晶粒大小不均匀。

#### 6.1.1.7　六道次异步叠轧等效应变 $\varepsilon=4.8$ 时变形铜材组织形态

六道次异步叠轧（等效应变 $\varepsilon=4.8$）后变形铜材的 SEM 形貌以及 TEM 组织分别如图 6.10 所示。

从图 6.10 轧制平面和纵截面的形貌可以看出，六道次异步叠轧（等效应变 $\varepsilon=4.8$）后变形铜材的组织形貌与五道次变形铜材具有相同特征。不同的是因六道次较五道次的等效应变增加，变形铜材

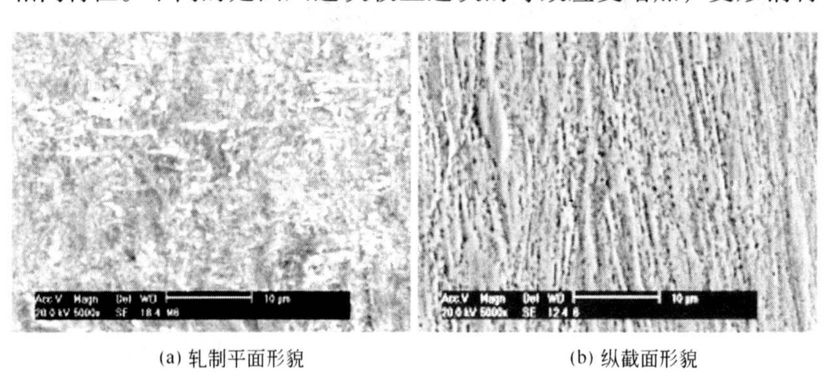


(a) 轧制平面形貌　　(b) 纵截面形貌

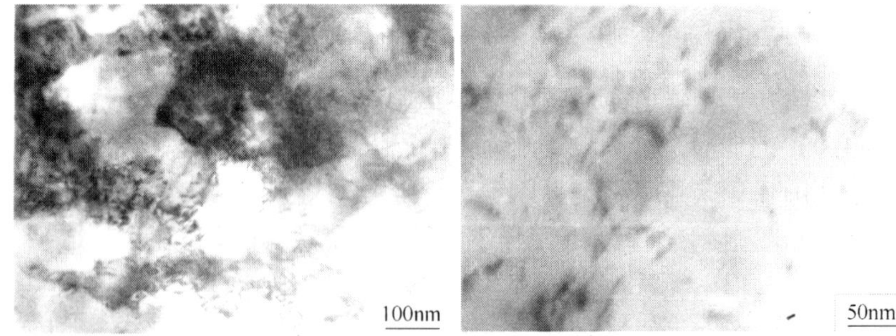


(c) 轧制平面 TEM 组织

图 6.10　六道次异步叠轧等效应变 $\varepsilon=4.8$ 时变形铜材 SEM 形貌及 TEM 组织

轧制平面的晶粒碎化程度更高，纵截面的纤维组织更细，沿延展方向断开的纤维组织的数量也在增加。

从图6.10轧制平面TEM的组织可以看出，变形铜材存在两种典型的区域，一种区域是大变形碎化的晶粒因等效应变比较大，碎化的部分晶粒内部又充斥了大量的位错缠结。另外一种区域是部分碎化晶粒的内部位错均匀分布，但这些晶粒的尺寸相当，只是一部分晶粒内部位错密度高，另一部分晶粒内部位错低并均匀分布。

#### 6.1.1.8 七至十道次异步叠轧等效应变为5.6~8.0时变形铜材组织形态

异步叠轧分别为七道次、八道次、九道次和十道次，等效应变分别为5.6、6.4、7.2、8.0时变形铜材轧制平面的TEM组织分别如图6.11所示。

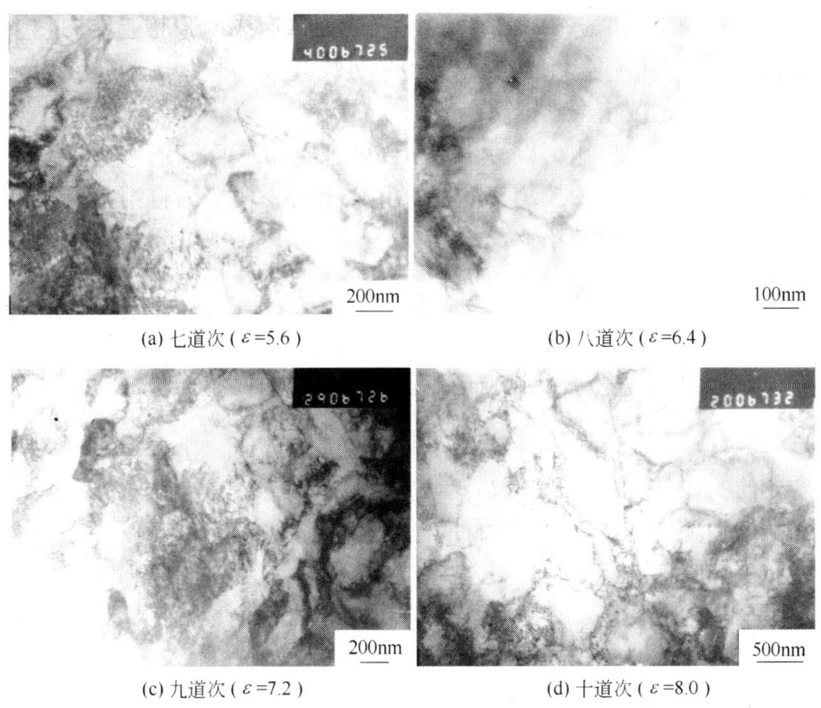


(a) 七道次（$\varepsilon=5.6$） (b) 八道次（$\varepsilon=6.4$）

(c) 九道次（$\varepsilon=7.2$） (d) 十道次（$\varepsilon=8.0$）

图6.11 七至十道次异步叠轧变形铜材轧制平面TEM组织

图6.11（a）表明，异步叠轧七道次（等效应变 $\varepsilon=5.6$）时，变形铜材的组织形态为：大晶粒内部包含几个小角度亚晶，亚晶内部又包含少量的位错。

图6.11（b）表明，异步叠轧八道次（等效应变 $\varepsilon=6.4$）时，变形铜材的组织形态为：大晶粒经过大应变异步叠轧晶粒碎化成许多小亚晶且亚晶尺寸为200～500nm，同时部分区域为位错胞状亚结构，位错密度很大，在整个胞内位错均匀分布。

图6.11（c）表明，异步叠轧九道次（等效应变 $\varepsilon=7.2$）时，变形铜材的组织形态为：大部分区域为位错胞状亚结构，胞界上表现出高密度位错缠结，亚胞内部位错比较少，与等效应变 $\varepsilon=6.4$ 时变形铜材的组织明显不同。但在极微小区域同样存在个别亚胞内部位错密度较高，均匀分布于亚胞内的情况。

图6.11（d）表明，异步叠轧十道次（等效应变 $\varepsilon=8.0$）时，变形铜材的组织形态为：部分区域位错缠结形成的胞状亚结构发生变化，缠结的位错发生运动，在胞界处发生规整化，逐渐转变为小角度亚晶界，位错规则排列在部分亚晶周围。

从以上变化规律可以看出，铜材经不同等效应变的大变形异步叠轧时，当等效应变控制在5.6及其以上时，变形铜材都具有相似的组织形态，即由细小亚晶粒和高密度位错区组成，只是等效应变量不同，两部分区域所占的面积不同。等效应变量越大，高密度位错区减少，而亚晶区则增大。

### 6.1.2　大变形异步叠轧制备超细晶铜材过程的界面

铜材在大变形异步叠轧过程中必然存在界面，那么界面是如何变化的？在晶粒细化过程又起到怎样的作用？首先从几何方面分析界面的情况。异步叠轧前铜材的厚度（$h_0$）为0.78～0.80mm，在后续异步轧制不同等效应变的变形过程中保持轧缝宽度，假设进行 $n$ 道次（等效应变 $\varepsilon=0.8n$）异步叠轧变形，那么变形后每层的厚度为 $h_0/2^n$。经过一道次至十道次（等效应变 $\varepsilon$ 分别为0.8、1.6、2.4、3.2、4.0、4.8、5.6、6.4、7.2、8.0）的异步叠轧，变形铜材的层厚度分别为：400μm、200μm、100μm、50μm、25μm、12.5μm、

6.25μm、3.125μm、1.562μm、0.781μm。通过以上铜材异步叠轧不同等效应变变形后的组织形态观察发现，等效应变 $\varepsilon=0.8$ 和 $\varepsilon=1.6$ 时，变形铜材亚晶尺寸为5μm，说明变形铜材每层在厚度方向上包含40～80个亚晶或小晶粒；当等效应变 $\varepsilon=2.4$ 和 $\varepsilon=3.2$ 时，变形铜材碎化的亚晶或大角度小晶粒尺寸为5～10μm，说明变形铜材每层在厚度方向上包含10～20个亚晶或小晶粒；依此类推，当等效应变增加到 $\varepsilon=8.0$ 时，变形铜材每层在厚度方向上包含一个大晶粒，大晶粒内部存在许多亚晶粒。由此来看，界面从变形开始即从等效应变比较小时到逐渐增加的过程中，都存在于变形铜材中，使材料性能下降。

从异步叠轧技术原理示意图可以看出，由于辊径不同及上下辊的线速度不同，使轧件在异步叠轧变形过程中的受力发生改变，出现搓轧区，轧件在异步叠轧过程中都要经过搓轧区。同时由于剪切力的作用，叠合面与中性层不在相同的位置，促进了叠合面两侧之间界面处的相互摩擦，使两个界面在异步叠轧过程中不仅在厚度方向上受压缩应力之间的结合，同时也受到剪切摩擦的作用，有效促进了界面之间的啮合。从图6.4异步叠轧等效应变 $\varepsilon=1.6$ 时变形铜材的形貌图可以看出，界面不是一条直线，在界面处两侧金属发生摩擦，界面弯曲；在异步叠轧等效应变 $\varepsilon=1.6$ 变形之后再进行130℃×30min去应力退火，从图6.5的变形铜材的形貌图可以看出，经去应力退火，变形铜材局部界面已经焊合，说明铜材异步叠轧后进行去应力退火不仅使变形过程顺利进行，防止裂边，而且加速了异步叠轧过程界面间的焊合，在去应力退火过程中变形铜材内部的位错密度下降，部分位错在界面处迁出消失。图6.6表明，异步叠轧等效应变 $\varepsilon=2.4$ 时的变形铜材界面进一步焊合，只有最新异步叠轧结合时的界面全部可见，但该界面也是弯曲存在，上几道次异步叠轧过程形成的界面经过了多次搓轧区，大部分区域已经焊合。图6.7表明，异步叠轧等效应 $\varepsilon=3.2$ 时的变形铜材部分界面已经完全焊合，没有界面的痕迹。随着等效应变的增大，最先形成的变形铜材界面消失，其次形成的界面局部焊合，最后一道次形成的界面在等效应变小于4.0时可以被观察到，等效应变为4.0时最后一道次异步叠轧形成的界面只有局部区域没有焊合，当等效应变大于4.0，介于4.8～8.0时，最后一道次异步叠轧形成的界面已经完全焊合，在纵截面和横截面方向上无法观察到界面，表明界面焊合得很好，同时在异步轧制变形过程中，部分位错运动到界面处而消失。

铜材在异步叠轧之前，要对叠合的界面进行表面处理，消除表面的氧化物、吸附水汽、油脂及尘埃颗粒等物，从而消除妨碍金属表面结合的影响因素。已经打磨结合表面的金属具有较好的可焊性，然而两片铜材表面相遇在结合之前存在着一种能量障碍，在冷轧变形双金属的条件下，临界复合变形率的存在也证实了这一观点。经过脱脂和打磨过的金属表面显然不能在低于临界值的变形率下焊合，当变形率低于临界变形率时，轧后金属自然分开，不能复合。实际上，金属表面层在变形和压力的作用下也出现破裂，在局部区域发生机械咬合，有一定的实际结合强度，但这一结合强度会随着变形和压力的消失而迅速下降至零并导致开裂。异步叠轧铜材时，每次的变形率在50%，高于临界复合变形率（不同的金属有不同临界复合变形率，一般大于30%），有利于变形铜材表面的复合，同时，由于异步叠轧过程剪切应力的作用加剧了结合面处晶粒之间的摩擦与交融，使原始晶粒破碎，破碎后的晶粒突破界面向对方渗透。晶粒在互相渗透的过程中，变形铜材之间的界面会逐渐消失，如果没有其他因素的影响，最后将完全复合在一起。

从以上大变形异步叠轧过程不同阶段的组织形态可以获得大变形异步叠轧制备超细晶铜材过程的组织演变过程，分述如下：

(1) 当异步叠轧变形等效应变较小（$\varepsilon \leqslant 1.6$）时，变形铜材晶粒被压扁，沿轧向被拉长，轧制平面、纵向、横向三个方向上轧件受力不相同，沿厚度方向轧件由表向里的受力逐渐减小，大晶粒在三个观察方向上转变为亚晶的程度不同；当轧件经过搓轧区，晶粒内部及晶粒间摩擦加剧，晶界处晶粒与晶粒之间发生滑动，部分晶粒内部晶面发生滑移，同时由于异步叠轧的作用，三分之二的大晶粒内部转变为许多具有小角度晶界的亚晶，即三分之二的大晶粒被碎化成许多小亚晶，亚晶尺寸为5μm，部分亚晶尺寸小于5μm。

（2）当异步叠轧变形等效应变 $\varepsilon = 2.4$ 时，出现了部分碎化的大角度小晶粒，部分大晶粒位错偏聚将大晶粒分割成几个小亚晶，部分位错偏聚缠结形成的亚晶界在异步叠轧变形中变为大角度晶界，大部分区域大晶粒由许多亚晶组成，亚晶晶界由高密度位错组成，而大晶粒的形状为拉长状的纤维组织。

（3）当异步叠轧变形等效应变 $\varepsilon = 3.2$ 时，大晶粒完全碎化成具有大角度晶界的小晶粒，碎化的晶粒尺寸为 5 ~ 10μm，局部区域存在位错缠结。此时，无法体现异步叠轧过程搓轧区剪应力的作用，只能体现累积叠轧的作用。

（4）当异步叠轧变形等效应变 $\varepsilon = 4.0$ 时，在部分区域位错排列并缠结在晶粒的边缘或者晶粒内部。位错密度明显增加，局部区域的位错缠结形成了位错胞状亚结构，大部分区域形成细小的晶粒，形成的小晶粒的大小不均匀。

（5）当异步叠轧变形等效应变 $\varepsilon = 4.8$ 时，变形铜材组织具有两种特征：一种是碎化的部分晶粒内部又充斥了大量的位错缠结，另外一种是部分碎化晶粒的内部位错均匀分布。但这些晶粒的大小相当，只是一部分晶粒内部位错密度高，一部分晶粒内部位错密度低，均匀分布。

（6）经过大变形异步叠轧，当异步叠轧变形等效应变在 5.6 及以上时，变形铜材具有相似的组织形态，都是由细小亚晶粒和高密度位错区组成，只是等效应变量不同，两部分区域所占的面积不同。等效应变越大，高密度位错区减少，亚晶区增大。

（7）在异步叠轧变形等效应变 $\varepsilon = 1.6$ 和 $\varepsilon = 3.2$ 之后的130℃ × 30min 去应力退火，使加工硬化得到一定量消除，防止了裂边，使部分小晶粒周围高密度缺陷区的缺陷发生重新排列，碎化的晶粒尺寸变化不大，同时加剧了界面的焊合。当异步叠轧变形等效应变 $\varepsilon \leqslant 4.0$ 时，随着等效应变的增加，界面逐渐被焊合，经过搓轧区越多的界面，焊合得越好；当异步叠轧变形等效应变 $\varepsilon > 4.0$ 且在 4.8 ~ 8.0时，异步叠轧形成的变形铜材界面已经完全焊合，无法观察到界面的存在。同时异步叠轧变形过程中，部分位错运动到界面处而消失。

### 6.1.3 叠轧法或累积叠轧焊法制备超细晶晶粒细化机制

采用叠轧法或累积叠轧焊法制备超细晶材料的晶粒细化机制因细化的材料不同而存在差异，目前还没有形成规律性的细化机制。以下介绍几种不同材料在叠轧过程中的晶粒细化机制。

应用累积叠轧焊强加工工艺可以制备亚微米普碳钢 Q235 和 L2 纯铝[103]，累积叠轧焊强加工工艺可将普碳钢 Q235 和 L2 纯铝晶粒尺寸分别细化到 0.7μm 和 0.5μm。随着叠轧次数的增加，晶粒内部出现各种形变的亚结构，位错密度和夹杂物等结构缺陷大幅度增加。经过两个道次的累积叠轧焊试验后，材料中位错密度大幅度增加，有一些明显的形变亚晶，胞壁是由位错构成的小角晶界；此前生成的形变亚晶一部分消失了，转变成了由大角晶界包围的细晶组织。从第 4 道次累积叠轧焊开始，晶粒间的取向差很大，晶界是大角度晶界，产生了由大角晶界包围的新晶粒，而并非是形变亚晶，此外还有一部分形变亚晶在材料中保留下来。

累积叠轧半硬化态纯铝[225]，随着轧制道次的增加，晶粒不断细化。轧制四道次后在亚晶内部和亚晶界处可以清楚看见位错结构，粗晶内部含有大量的位错胞，这些位错胞结构能够通过一个回复过程转变为亚晶结构，随着变形的进行，通过位错胞转化为亚晶界，亚晶结构会覆盖整个晶粒区域。晶胞内的位错密度减少，超细晶所占的比率随着道次数的增加而增加。七道次后基本看不到位错胞结构，晶胞内位错减少，亚晶粒形状较为明显，超细晶粒增多，但是晶粒的大小不均匀，最小的晶粒达到 500nm 左右，被明显晶界包围的超细晶粒与晶粒之间存在取向角度差，基本上实现了晶粒细化目的。

累积叠轧法的每个道次都使材料 1/2 的表面进入到材料中心，导致材料初始表面部分在材料中沿厚度方向复杂分布[226]。因而轧制过程中表面产生的大量残余剪应变也被带到材料内部，研究发现材料内部的晶粒尺寸分布和残余剪应变的分布是一致的，可见是残余剪应变导致了晶粒的细化。道次数越多，材料内部的残余剪应变和超细晶分布就越复杂，使材料总体强度提高。在累积轧合过程中，随着道次数的增加，材料的晶粒变得越来越细。

叠轧 5 次后 Al-1% Mg 合金组织由部分近等轴的晶粒和拉长的晶粒组织组成，平均晶粒大小为 0.5μm[97]。轧制断面为拉长的晶粒，晶体畸变较大，存在大量的畸变区域。合金组织中包含有大量的小角度晶界，而大角度的晶界较少，小角度晶界内部位错密集，形成了大量的亚晶。合金组织包含大量大角度晶界，两侧晶粒的晶轴取向差别较大。在轧制平面观察到的合金组织大角度的晶界较少，而在轧制断面观察到的大角度的晶界较多，因此可以认为大角度晶界主要是由于几何变形引起的。应当指出，在多次叠轧之后，会产生许多的焊合界面，这些界面呈现出良好的纤维状。

文献［227］介绍了对纯铝进行累积叠轧，真应变为 4.8 时获得的组织是由等轴晶和部分沿轧制方向拉长的、片层状的、具有小角度晶界的区域组成。此时对变形铝材进行了退火处理，通过控制退火温度和时间使再结晶过程在具有小角度晶界的区域进行。同时提出了采用两步法退火处理使大变形超细晶转变为了等轴均匀的超细晶，退火后的叠合界面消除。

其他研究表明[94]，累积叠轧焊界面复合得不是很好，仍然能观察到复合界面的痕迹，只有当累积叠轧过程在高温和大的压下率下进行时界面才能焊合[89]。对于累积轧合法研究现状与存在问题[41]，认为累积叠轧焊法深度塑性变形最有实际意义，但采用该方法的问题在于界面的复合，同时提出采用异步轧制可以促进界面之间的复合。叠轧法细化晶粒方式目前仍在研究与讨论中，普遍认为是轧机的轧制力和晶粒间的摩擦力的作用。

### 6.1.4 大变形异步叠轧制备超细晶铜材晶粒细化机制

通过组织演变过程的分析，可以得出大变形异步叠轧制备超细晶铜材过程的晶粒细化机制，具体概况为以下几个过程：

（1）当异步叠轧变形等效应变 $\varepsilon \leq 1.6$ 时，由于异步叠轧过程剪切应力的作用形成了搓轧区，铜材经过搓轧区时晶粒内部及晶粒间的摩擦加剧，晶界处晶粒与晶粒之间发生滑动，部分晶粒内部晶面发生滑移，产生了大量的平行平直的晶界，使三分之二的大晶粒内部转变为许多具有小角度晶界的亚晶，亚晶尺寸为5μm，部分亚晶尺寸小于5μm。此时，因异步产生的剪切力在细化过程中起主要作用，使变形铜材晶界发生滑动，部分晶粒内部晶面发生滑移。

（2）当异步叠轧变形等效应变 $2.4 \leqslant \varepsilon \leqslant 4.0$ 时，由于累积叠轧的作用，随着变形等效应变的增加，碎化的大角度小晶粒随着增加，包含小角度亚晶的大晶粒内部的位错密度也随之增加。变形等效应变的增大使晶粒细化程度变大。

（3）当异步叠轧变形等效应变 $\varepsilon \leqslant 4.0$ 时，随着变形等效应变的增加，界面逐渐被焊合，经过搓轧区越多的界面，焊合越好，在异步叠轧过程中产生的缺陷部分在界面处消失，异步叠轧中性面位置的改变对界面复合起主要作用。

（4）当异步叠轧变形等效应变 $\varepsilon \geqslant 4.8$ 时，变形后的组织具有两种特征：由细小亚晶粒和高密度位错区组成，只是等效应变量不同，两部分区域所占面积不同。等效应变越大，高密度位错区减少，亚晶区增大。异步叠轧变形过程形成的界面已经完全焊合，部分位错运动到界面处而消失。

### 6.1.5　异步叠轧法与叠轧法晶粒细化机制的异同

异步叠轧法和叠轧法的晶粒细化机制目前仍在研究与讨论中，没有形成规律性的理论。目前普遍认为叠轧法是因轧机的轧制力和晶粒间的摩擦力使晶粒细化。对异步叠轧过程组织研究表明，异步叠轧过程因异径导致上下辊线速度的不同而在变形过程中增加了剪切应力的作用，加剧了晶粒间的摩擦力，加速了晶粒内晶面间的滑移，同时中性面位置与叠合面位置的不同促进了界面的结合。

塑性变形引起的大角度晶界的形成机制主要有两种：第一种机制是几何变形引起的大角度晶界，原始晶粒在大变形作用下被压扁，从而使晶界面积增加，形成大角度晶粒边界；第二种机制与位错的塑性滑移相关。塑性变形过程中，为便于塑性变形过程的进行而开启多个滑移系统，晶粒趋向于分成几个滑移块，以便多滑移顺利进行。为适应滑移过程，这些晶块发生旋转，旋转到不同的取向，或者旋转到同样的取向，但是旋转速度不同。因此，晶粒被分成了不同的区域，形成了高角度晶界。目前认为累积叠轧过程[97]大角度晶界主要是由第一种作用机制引起的；在异步叠轧组织变化过程中观察到大量的晶面滑移，异步叠轧后轧制平面大角度晶界含量比较少，因此，异步叠轧过程大角度晶界主要是由于第二种作用机制引起的。

## 6.2 铜材再结晶形核取向变化及织构形成机制

### 6.2.1 变形铜材再结晶形核取向变化过程

许多金属晶体在使用之前都经过变形加工。金属塑性变形的晶体学机制主要为位错滑移和机械孪生。塑性变形过程通常伴随着晶体取向的变化和变形织构的生成。

轧制变形时，轧制应力状态的分析表明，金属在变形过程中承受了三向压应力。如果去除静水压力，则金属实际承受了轧向的拉应力和板法向的压应力。因此单晶体变形时会发生转动及取向变化。多晶体发生塑性变形时各晶粒也会发生类似的转动。理论和实际都表明，多晶体变形时各晶粒的转动结果往往会使晶粒取向聚集到某一或某些取向附近，从而形成织构。多晶体变形过程单个晶粒要受到与其相邻的晶粒的制约。异步叠轧过程由于异径而导致上下辊线速度的不同，使轧件在轧制过程中同时还承受剪切力的作用。

单晶体有比较自由的边界，因此通常借助单滑移系或双滑移系的开动即可完成变形过程。而多晶体则因晶粒间应变连续问题，往往需要开动更多的滑移系来完成变形。更多滑移系的开动以及机械孪生的出现改变晶粒转动的方向、幅度及最终形成的织构类型，因此分析织构形成过程还可以追踪和了解塑性变形的微观机制。从前一节异步叠轧过程不同等效应变下铜材的组织演变过程的研究表明，塑性变形过程主要以滑移方式进行。

同时，再结晶过程中的织构分析也可以追踪和了解再结晶形核和晶核长大机制。再结晶后的织构组分分析发现，在再结晶退火时间比较短时，再结晶织构大部分组分为冷轧织构组分。关于再结晶织构保持冷轧织构特征的现象，已有文献报道[228]，其解释是“原位再结晶”的结果，即位错密度连续减小是在原位进行的，它基本上不发生大角度晶界迁移过程。随着再结晶退火时间的延长，本实验TEM组织观察表明，该铜材已经发生了完全再结晶。显然，此时利用“原位再结晶”机制解释本实验现象是不恰当的。这里比较合适的解释就是，铜材在经六道次叠轧后，形变储能很高，再结晶驱动力较大，临界晶核半径较小，因此铜材在再结晶初期具有极高的形核率，这就使各种取向的晶核均有机会产生。但由于冷轧铜材中冷轧织构S、C、B等织构组分强度较高，相应取向的亚晶粒数目也较多，因此，在形核过程中，相应取向再结晶晶核的数目也就较多（即“亚晶直接形核”机制），而通过“选择形核”形成的立方取向晶核数目相对较少，并在其后的晶核长大过程中选择生长的优势较弱（由于高的形核率，S取向、C取向等的亚晶亦快速形核及生长），故立方织构强度降低。因此，使最终的再结晶织构具有冷轧织构、立方织构还有其他再结晶织构组分共存的现象是由于再结晶形核率高引起的。

大变形异步叠轧制备超细晶铜材所得到的再结晶织构立方织构组分很少，再结晶组织的织构组分含有少量的B、C、S、R、B/G等组分，这是异步叠轧不同于常规轧制的主要特点之一。同时，实验结果也表明，再结晶退火时间控制得当，各晶粒取向聚集的现象会减弱，这也是异步叠轧的优势之一。

### 6.2.2　普通轧制变形铜材再结晶织构形成机制

一般认为：再结晶驱动力来自形变储能，主要以微观缺陷（空位、位错、亚晶界等）的形式来表现[229]。在再结晶过程中，新晶粒的形成与长大、晶界的移动决定于晶界两侧的能量差与界面张力，具有这两个因素优势的取向，晶粒将优先形成和长大。H. E. Vatne[230]等在讨论铜中立方织构形成的微观选择生长机制时引用了Gibbs-Thomson关系式：

$$R_c = 2\gamma P_d^{-1} \tag{6.1}$$

式中，$R_c$为形核长大的临界半径；$\gamma$为晶界能；$P_d$为晶粒长大驱动力。当晶核尺寸 $R$ 大于临界半径时，晶核将长大，晶界迁移速率 $G$ 为[230]：

$$G = M(P_d - 2\gamma R^{-1}) \tag{6.2}$$

式中，$M$ 为晶界可动性系数。当晶界两侧晶粒具有 38.21°〈111〉（$\Sigma = 7$）重位取向关系时，晶界能 $\gamma_{111} = 0.7\gamma_r$（$\gamma_r$ 为一般晶界的晶界能），故而 $R_{c111} = 0.7R_c$；$R_{c111}$ 和 $R_{cr}$ 分别为具有 38.21°〈111〉取向关系和一般取向关系晶核的临界半径。由于基体中立方取向亚晶与 S 取向（$\psi = 30°$，$\theta = 32°$，$\varphi = 25°$）冷轧织构组分有 40°〈111〉取向关系，因此立方取向再结晶晶核优先形成。

另外，若假设 $M_{111} = M_r = M_\gamma$，则[230]：

$$G_{111} = M(P_d - 2\gamma_{111}R^{-1}) = M(P_d - 2\gamma_c R^{-1}) + 0.6M\gamma_c R^{-1} \tag{6.3}$$

式中，$G_{111}$ 为具有 38.21°〈111〉取向关系的晶界的迁移速度。因此，对具有 $\theta$〈111〉（$\theta = 25° \sim 40°$）取向关系的晶粒，其初期长大速度比一般取向晶粒的长大速度高出 $\Delta G_{111} = 0.6M\gamma_c R^{-1}$。当晶核与其他组分接触时，这种取向关系不再存在。故 Vatne[230] 等认为，在立方织构形成过程中，式（6.1）的作用强于式（6.2），即定向形核起主导作用。

虽然晶核初期长大后，$\theta$〈111〉（$\theta = 25° \sim 40°$）取向关系不再存在，但从式（6.2）可见，由于 $R$ 的增大，长大速度小增大，假定此时具有 $\theta$〈111〉（$\theta = 25° \sim 40°$）取向关系的晶核半径为 $R_{111}$，一般取向晶核的半径为 $R_c$，且令继续长大的驱动力相同，则晶核长大速度有如下关系：

$$\begin{aligned} G_{111} \cdot G_r^{-1} &= (P_d - 2\gamma \cdot R_{111}^{-1}) \cdot (P_d - 2\gamma \cdot R_r^{-1})^{-1} \\ &= 1 + \Delta R \cdot [R_{111}(P_d R_c / 2\gamma - 1)]^{-1} \end{aligned} \tag{6.4}$$

式中，$\Delta R = R_{111} - R_c > 0$。

式（6.4）表明，在 $P_d R_c \gamma^{-1}/2$ 项不很大（>1）的情况下，$G_{111}$ 仍比 $G_r$ 大，并且与 $\Delta R$ 有很大的关系，优先形核的晶粒经过初期长大，在之后的长大过程中依然会保持优先生长。因此，铜材在再结晶过程中具有立方取向的晶核优先生成，并在再结晶长大过程中，具有立方取向的晶核优先长大，最后，铜再结晶处理后织构主要由立方织构组分组成。

### 6.2.3 大变形异步叠轧制备超细晶铜材再结晶织构形成机制

与普通退火比较，铜材在大变形异步叠轧后进行再结晶退火，由于高的储能释放率，导致晶粒长大驱动力 $P_d$ 增大，晶界能 $\gamma$ 减小，由式（6.1）决定的形核率很大，各种取向的晶粒都有机会形核并长大。因此，由 $\theta\langle 111\rangle(\theta=25°\sim40°)$ 取向关系和式（6.1）决定的定向形核机制受到很大影响，不再具有优先形核的优势。

经过初期长大后对具有 $\theta\langle 111\rangle$（$\theta=25°\sim40°$）取向关系和一般取向关系的晶核，若其半径仍分别用 $R_{111}$、$R_c$ 表示，且令 $P_d \gg 2\gamma \cdot R_r^{-1}$（因为变形储能大，因此再结晶过程驱动力大），则由式(6.4)可得：

$$G_{111} \cdot G_r^{-1} \approx 1 + \Delta R/(R_{111}P_d R_r \gamma^{-1}/2)$$
$$= 1 + 2\gamma(R_r^{-1} - R_{111}^{-1}) \cdot P_d^{-1} \approx 1 \qquad (6.5)$$

根据式（6.5），此时定向生长机制亦受限制，亦即具有特定取向($\theta\langle 111\rangle(\theta=25°\sim40°)$)的再结晶晶核在长大过程中不再具有优先生长的优势，具有一般取向关系的再结晶晶核的晶界在长大过程中其速度相当，因此，再结晶完成后各种取向的再结晶晶粒都存在，故此时呈现漫散的再结晶织构，各种再结晶织构组分并存，强度也比较低。

同时，随着冷轧压下量的增大，冷轧组分增强，作为潜在形核位置的相应取向的亚晶数增多，在无择优形核和无择优生长时，这种数量优势将保持到完全再结晶，因此，再结晶织构组分中含有一定数量的黄铜 B 组分、铜型 C 组分和 S 组分。同时，在经六道次叠轧后，形变储能很高，再结晶驱动力较大，临界晶核半径较小，除轧制取向组分以外的各种取向的晶核（R 取向、B/G 取向等）也均有机会产生。而通过“选择形核”形成的立方取向晶核数目相对较少，并在其后的晶核长大过程中选择生长的优势较弱，故立方织构强度降低。

以上讨论表明，大变形异步叠轧制备超细晶铜材再结晶过程织构的形成机制不同于普通轧制铜材再结晶过程织构的形成机制。普通铜材再结晶过程中具有立方取向的再结晶晶核优先生成，在长大过程中也保持优先生长，因此再结晶退火后主要以立方织构为主；而大变形异步叠轧制备超细晶铜材的过程中，定向生长机制受到限制，各种再结晶织构组分并存，并且形成的各种取向的晶核在长大过程中共同生长，没有生长优势之分，因此形成的再结晶织构比较漫散，强度也比较低，各种取向的晶核没有择优而共同长大，使材料的各向异性较普通轧制再结晶退火有很大的提高。

# 7 大变形异步叠轧制备超细晶铜材性能及扩大试验

大变形异步叠轧技术体系制备超细晶铜材的原理、工艺技术特点、晶粒细化机制、织构形成机制以及与同步叠轧技术体系制备超细晶铜材的不同已经明晰，但获得超细晶铜材的性能如何，而且该技术制备超细晶铜材体系前期是在小型实验规模工艺条件状态下获得的。因此，以下介绍该技术体系制备超细晶铜材的性能、在服役过程中的性能以及进行扩大试验的情况。

## 7.1 大变形异步叠轧制备超细晶铜材的力学性能及显微硬度

### 7.1.1 异步叠轧前铜材的力学性能及显微硬度

异步叠轧前铜材应力-应变曲线以及拉伸断口形貌分别如图 7.1 和图 7.2 所示。

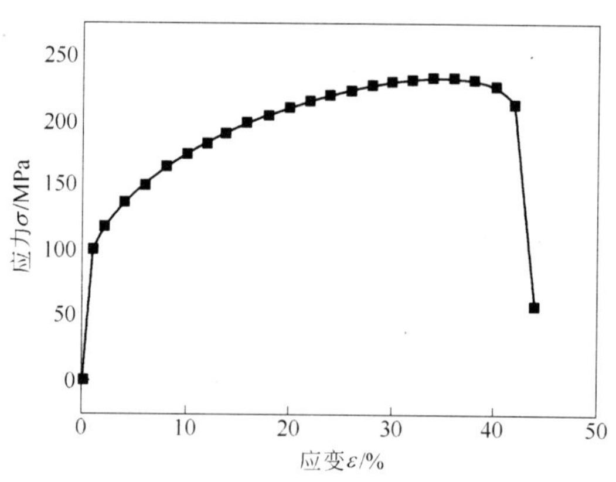


图 7.1 异步叠轧前铜材的应力-应变曲线

从图 7.1 应力-应变曲线中可以看出，变形前铜材的屈服强度较低，在达到抗拉强度时曲线出现明显的平台区域，其塑性很好，伸

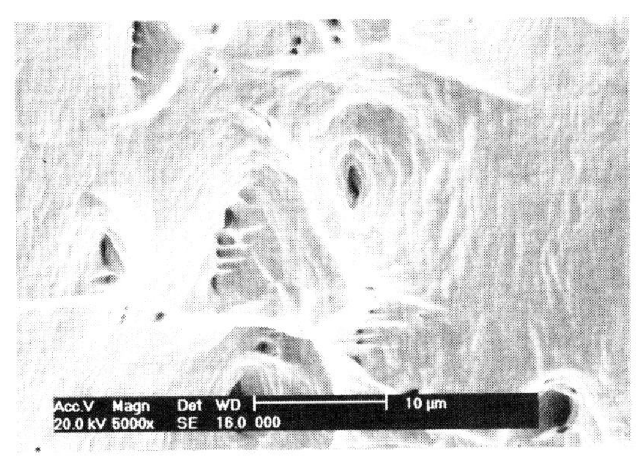


图 7.2 异步叠轧前铜材的拉伸断口形貌

长率达到 44%，抗拉强度 $R_m$ 为 231.3MPa，屈服强度 $R_{p0.2}$ 为 101.5MPa；从图 7.2 铜材拉伸断口形貌中可以看到明显的韧窝凹坑，这是金属材料韧性断裂的一种表现形式。高纯度金属在塑性断裂过程中，由于在试样的内部不产生孔洞，无新界面产生，位错无法从金属内部放出，只能从试件表面放出，断裂靠试件横截面积减到零为止。这是一种单纯的滑移过程或延伸过程，该过程产生极大的塑性变形，断面收缩率几乎达到 100%。以上研究表明，异步叠轧前铜材的塑性好。同时对该材料的显微硬度进行了测试，板面的显微硬度为 63.0HV，横截面的显微硬度为 50.5HV，纵截面的显微硬度为 51.0HV。

### 7.1.2 异步叠轧变形铜材的力学性能及显微硬度

#### 7.1.2.1 异步叠轧不同等效应变下变形铜材的力学性能

对铜材进行不同等效应变的大变形异步叠轧，在二道次和四道次后进行相应的去应力退火，对不同变形条件下获得的变形铜材进行拉伸力学性能测试，其屈服强度和抗拉强度关系如图 7.3 所示。

从图 7.3 可以看出，随着异步叠轧等效应变的增加，变形铜材的强度升高，无论是抗拉强度还是屈服强度都高于异步叠轧前的铜材，其中，抗拉强度升高比较快，但屈服强度经过异步叠轧和去应

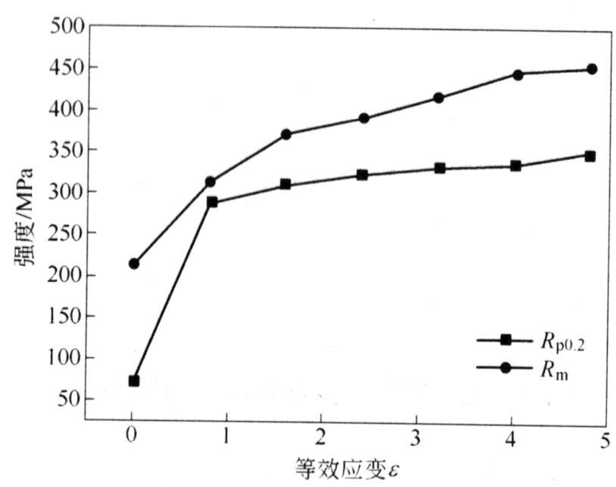


图 7.3 屈服强度、抗拉强度-等效应变关系曲线

力退火处理后变化不大。但变形铜材经去应力退火后，其抗拉强度和屈服强度又有所回落。

从图 7.4 可以看出，随着异步叠轧应变量的增加，变形铜材的伸长率直线下降，都低于异步叠轧前的铜材，但二道次和更高道次异步叠轧变形时的变形铜材伸长率的变化却不是很明显。

不同异步叠轧等效应变变形下的变形铜材抗拉强度、屈服强度以及伸长率的测试结果表明，异步叠轧等效应变增加，变形铜材的

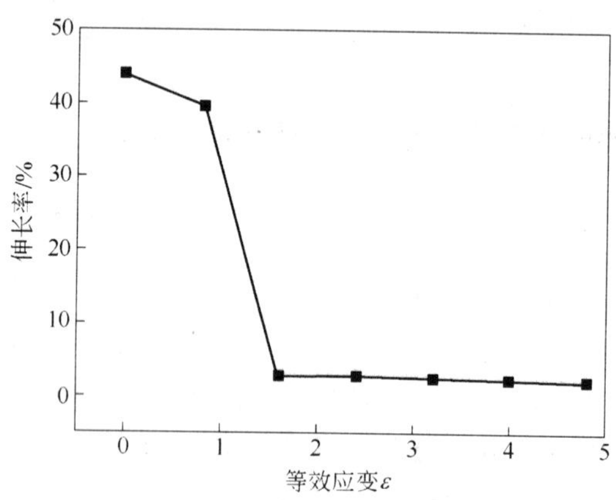


图 7.4 伸长率-等效应变关系曲线

抗拉强度和屈服强度增加，伸长率下降；不同道次异步叠轧时变形铜材的抗拉强度变化比较大，屈服强度和伸长率在二道次及更高道次异步变形时的变形铜材中变化不大；在不同道次异步叠轧过程中，变形铜材强度提高，伸长率下降是一对矛盾。

铜材在冷变形后，各个晶粒被分割成许多亚晶，变形量越大，亚晶尺寸越小。在这些小区域的边界上存有大量位错组成的位错缠结，而这些区域内部位错密度很低，晶格畸变很小，形成亚结构。亚结构的出现以及产生不均匀变形等，使铜材的变形抗力指标随变形程度的增加而升高，因此屈服强度和抗拉强度明显上升；而变形铜材的伸长率明显降低，这是由于在异步叠轧变形中产生晶内和晶间的破坏、不均匀变形等原因，使变形铜材的塑性指标随变形程度的增加而降低。从位错理论的观点来看，铜材在冷塑性变形过程中，随着变形程度的增加，其强度和硬度增加而塑性有所下降，表现出了加工硬化现象。随着变形程度的增加，加工硬化现象越来越严重，位错运动受阻力不断增大，使其运动变得越来越困难。在变形过程中产生了晶内和晶间的破坏、不均匀变形等，使变形铜材的延伸性随之降低。

#### 7.1.2.2 异步叠轧不同等效应变下变形铜材的显微硬度

异步叠轧不同等效应变下变形铜材的显微硬度-等效应变关系曲线如图7.5所示。可见，异步叠轧一道次（等效应变 $\varepsilon=0.8$）和更高道次（二道次至六道次，即等效应变 $1.6\leqslant\varepsilon\leqslant4.8$）后变形铜材轧制平面上的显微硬度明显提高，横截面和纵截面上的显微梗度较叠轧前也有所提高，但提高幅度不大。

异步叠轧变形铜材的轧制平面与横截面和纵截面的显微硬度相差很大，是由于相应的显微硬度同所承受的应变量之间存在着非常密切的关系，即显微硬度随等效应变量的增大而增大。铜材在异步叠轧过程中其变形和应力的分布是不均匀的，铜材表面的变形量远大于内部，其变形抗力指标随变形程度的增加而升高，所以变形铜材表面的显微硬度远大于其内部的显微硬度；铜材经异步叠轧变形时，原来等轴的晶粒沿延伸变形方向拉长，若变形程度很大，则晶

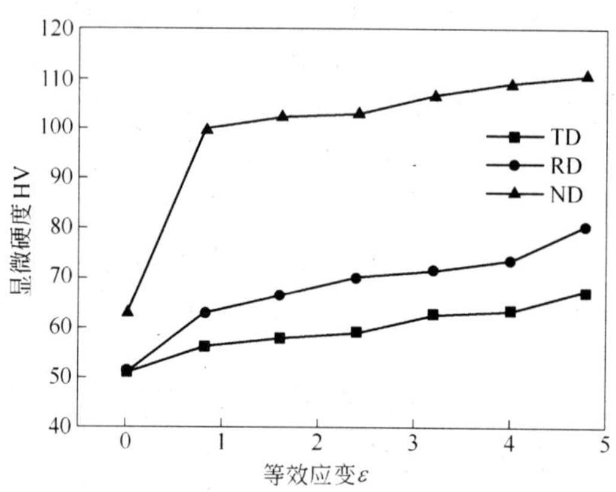


图 7.5　异步叠轧不同等效应变下变形铜材的显微硬度-等效应变关系曲线

粒呈现为纤维状组织，而纤维组织内部又包含许多亚晶。正是由于纤维组织的存在，使变形铜材的横向力学性能下降，故纵截面比横截面的显微硬度略大。

试验研究发现，二道次和四道次异步叠轧变形铜材去应力退火后的显微硬度只比退火前的显微硬度略低，是因为冷变形铜材处于回复阶段。若回复时只发生点缺陷运动而位错密度变化不大，则变形铜材的加工硬化将基本保留；若回复时发生了亚晶形成及粗化这一类过程，由于位错密度大幅度降低，故加工硬化可能很大程度上消除。由于亚晶形成与粗化的倾向与金属堆垛层错能有关，因而回复阶段变形铜材性能变化的急剧程度（对力学性能而言，就是回复时的软化能力）也与堆垛层错能有直接关系。铜属于低堆垛层错能金属，故在回复阶段异步叠轧所产生的硬化可完全保留，即回复阶段软化的倾向较小。这表明去应力退火工艺恰到好处，既保证了累积变形，又消除了部分加工硬化。

总之，在异步叠轧加工过程中，变形铜材内部位错不断增殖，位错密度和空位密度明显升高，亚晶界大量出现，以及形成的胞状结构，使变形铜材继续塑性变形的抗力增加，出现加工硬化，此时变形铜材的显微硬度急剧上升。随着变形等效应变的增加，变形逐渐从晶内位错运动转变为细小的晶界滑移，位错密度增加缓慢，晶粒细化也变慢，因而显微硬度又呈现平缓上升趋势。正是由于异步叠轧后获得的超细晶铜材内部存在许多缺陷及亚结构，加工硬化严重，导致其延展性不好，因此在大变形异步叠轧制备超细晶铜材过程中增加了再结晶退火工艺的处理，消除了单纯采用大变形异步叠轧制备超细晶铜材结构中的缺陷，提高了超细晶铜材的稳定性和伸长率。

### 7.1.3 超细晶铜材再结晶退火过程的力学性能及显微硬度

#### 7.1.3.1 超细晶铜材再结晶过程的力学性能

对六道次异步叠轧（等效应变 $\varepsilon=4.8$）经再结晶退火后的变形铜材在室温下进行了拉伸试验。再结晶退火温度为220℃，再结晶退火时间从5min到60min，每隔五分钟取一次样进行空冷测试，变形铜材屈服强度和抗拉强度与再结晶退火时间的关系曲线如图7.6所示。伸长率与再结晶退火时间的关系曲线如图7.7所示。

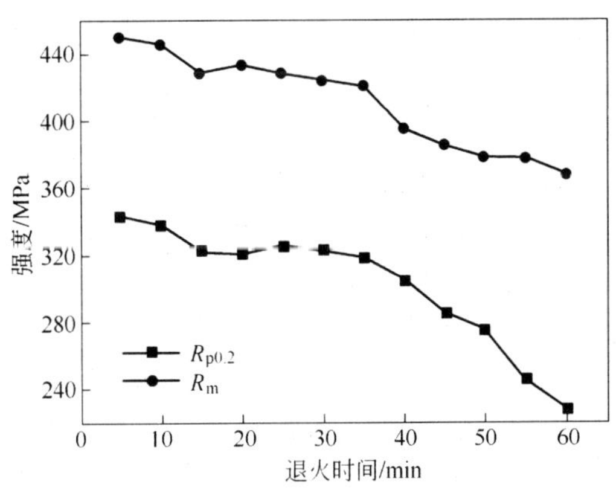


图7.6 屈服强度、抗拉强度-退火时间关系曲线

从图7.6和图7.7可以看出，随着再结晶退火时间的增加，变形铜材屈服强度和抗拉强度呈下降趋势，屈服强度由349.6MPa减小

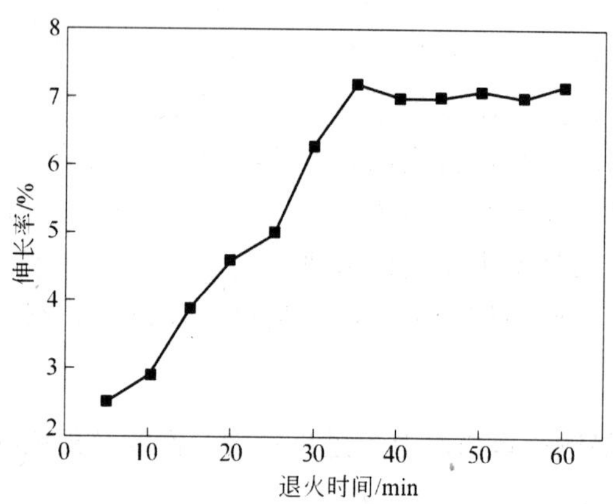


图 7.7　伸长率-退火时间关系曲线

到 227.5MPa，抗拉强度由 455.7MPa 减小到 368.3MPa；变形铜材的塑性先增高后降低，伸长率由退火 5min 时的 2.50% 增加到退火 35min 时的 7.20%（最大值），但在 35～60min 区间的伸长率变化不大。试验所用铜材的抗拉强度 $R_m$ 为 231.3MPa，屈服强度 $R_{p0.2}$ 为 101.5MPa，伸长率为 44%。可见，再结晶退火后变形铜材的抗拉强度和屈服强度都较原材料有所提高，伸长率却迅速下降。

在再结晶退火 5～25min 时，因变形铜材内未完全再结晶，存在许多位错及位错胞状亚结构，其强度比较大，但却因内部存在大量缺陷与亚结构导致伸长率较低；在再结晶退火 30～60min 时，变形铜材内完全发生再结晶，在再结晶退火 30～35min 时，变形铜材的屈服强度和抗拉强度达到最大值，伸长率在 35min 及更长的退火时间时基本保持不变。从前面再结晶过程组织分析可以看出，35min 及更长时间的再结晶退火后的变形铜材较 5～30min 再结晶退火后的变形铜材内部位错含量少，再结晶程度更高。综合组织及力学性能研究，异步叠轧变形六道次（等效应变 $\varepsilon=4.8$）并在 220℃ 再结晶退火保温 35～50min 时，可以获得均匀等轴、力学性能较好的超细晶铜材。

异步叠轧变形铜材在不同再结晶退火时间下所具有的不同抗拉强度、屈服强度和伸长率，主要是由于在再结晶退火刚开始时，变形铜材内位错缺陷明显，位错缠结严重，位错胞结构仍然存在，与退火前的变形铜材相比没有明显的不同；随着再结晶退火时间的增加，变形铜材处于回复阶段，大量形状比较规整的亚晶已经形成，部分区域大量位错聚集成高密度位错墙，形成了较明显的亚晶粒胞状结构；再结晶退火 20min 左右时，回复过程已经基本完成，变形铜材中已经有部分再结晶晶粒形成，但还有部分区域亚晶仍在合并，再结晶尚不完全，开始形成均匀的小晶粒并慢慢长大，再结晶退火延长到 35min 时，位错等缺陷基本消除，大区域的等轴状细小晶粒出现，故这段时间内变形铜材的屈服强度和抗拉强度均很高；而在再结晶退火 35min 以后，随着退火时间的增加，此时晶粒有长大趋势，异步叠轧过程产生的缺陷全部消除，变形铜材屈服强度和抗拉强度下降很快。

和变形铜材料强度一样，其塑性也由组织所决定。晶粒越细小其塑性也越好。因为在一定体积内，细晶粒的晶粒数目比粗晶粒数目多，因而塑性变形时位向有利于发生塑性变形的晶粒也较多，变形能较均匀地分散到各个晶粒上；又从每个晶粒的应变分布来看，细晶粒时晶界的影响区域相对加大，使晶粒心部的应变与晶界处应变的差异减小。由于细晶粒金属的变形不均匀性较小，由此引起的应力集中必然也较小，内应力分布较均匀，因而断裂前可承受的塑性变形量就更大。随着再结晶退火时间的增加，变形铜材分别经历回复、再结晶和晶粒长大的过程，所以其塑性先增高后降低。

铜材经大变形异步叠轧后，其内部存在大量的位错、空位等点阵缺陷，累积了很高的储存能。在加热状态下，原子的活动性增强，储存能驱使原子发生扩散，使点阵缺陷密度降低并重新排列成低能态的组态，同时与此相应的储存能被释放，在一定的再结晶温度下延长再结晶退火时间，变形铜材将分别进行回复、再结晶和晶粒长大。退火开始时，变形铜材首先发生回复，此时仅释放了小部分储存能，强度变化很小。随再结晶退火时间的延长，缺陷密度下降，进而组织发生再结晶，晶粒进一步细化。继续延长再结晶退火时间，变形铜材的晶粒则逐渐长大，强度也相应地降低。

### 7.1.3.2 超细晶铜材再结晶过程的显微硬度

六道次异步叠轧（等效应变 $\varepsilon=4.8$）经再结晶退火（再结晶退火温度为220℃）后的变形铜材显微硬度与时间的关系曲线如图 7.8 所示。

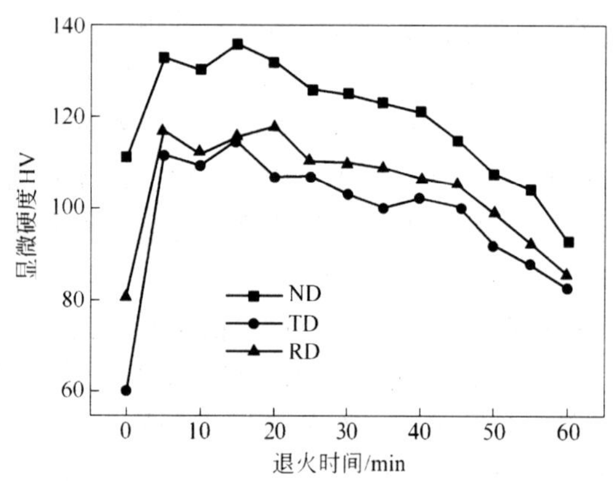


图 7.8　六道次异步叠轧（等效应变 $\varepsilon=4.8$）经再结晶退火后的变形铜材显微硬度-退火时间关系曲线

从图 7.8 可以看出，经过退火一段时间后，变形铜材的显微硬度有所下降，主要是原来变形铜材中的点缺陷得到回复，缺陷减小，储存能部分释放，一部分能量较高的小晶粒开始形核并再结晶。从整个过程来看，由于温度不高，完成再结晶过程需要的时间比较长，在较长时间退火后，变形铜材的晶粒并没有明显长大，组织比较稳定，这就是图中再结晶退火时间 25min 到 50min 区间内硬度下降缓慢的原因；再结晶退火 50min 以后，随着退火时间的延长，晶粒逐渐长大，由于位错密度的降低导致显微硬度下降。

从图 7.8 中还可以看出，随再结晶退火时间的延长，变形铜材三个面的显微硬度之间的差距慢慢缩小，这主要是由于再结晶退火使材料中的点缺陷得到回复，残余内应力减小，组织变得均匀，形成了等轴晶粒，致使在轧制过程中大塑性变形对材料表面与内部变

形量的影响逐渐减弱，使三个面的显微硬度趋于接近。

### 7.1.4 异步叠轧再结晶后超细晶铜材加工过程中的力学性能及显微硬度

通过前期组织观察及力学性能和显微硬度的检测分析可以看出，通过六道次异步叠轧及在220℃进行35～50min的再结晶退火，可以得到组织均匀、晶粒细小、性能较好的超细晶铜材。本节中，对获得的超细晶铜材进行了不同应变量的加工，然后对加工后变形铜材的力学性能、拉伸断口形貌、显微硬度和组织进行了观测，考查超细晶铜材的使用性能。

#### 7.1.4.1 异步叠轧再结晶后超细晶铜材加工过程中的力学性能

大变形异步叠轧制备的超细晶铜材的厚度为0.8mm，将制备获得的超细晶铜材进行加工，用大功率轧机继续轧制，将铜材厚度分别控制到0.50mm、0.28mm、0.14mm、0.08mm，压下率分别为38.5%、65.4%、84.6%、92.3%，对加工到不同厚度的变形铜材进行室温拉伸试验，铜材的屈服强度、抗拉强度与厚度的关系分别如图7.9和图7.10所示。

从图7.9和图7.10可以看出，随着轧制压下量的不断增加，即

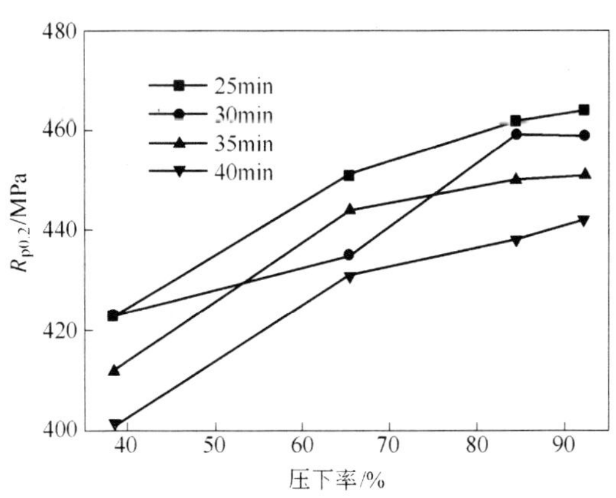


图7.9 超细晶铜材轧制时屈服强度与压下率关系曲线

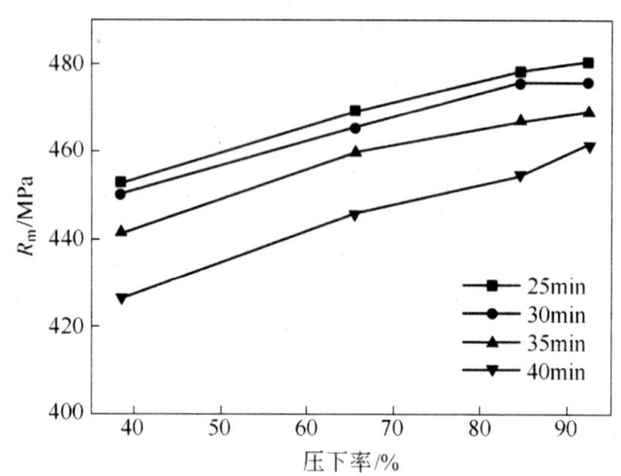


图 7.10　超细晶铜材轧制时抗拉强度与压下率关系曲线

冷轧变形量的增加，各个不同再结晶退火时间下变形铜材的强度均增加。在冷轧变形量增加的开始阶段，即变形铜材厚度从 0.5mm 减小至 0.28mm 时，其强度增长较快，而当冷轧变形量增加到一定程度后，即变形铜材被轧到 0.28mm 以后，其强度增长变缓，并趋向稳定。

与再结晶退火后的超细晶铜材的拉伸曲线相比，经过屈服阶段后，加工轧制态的超细晶铜材的拉伸曲线的应力随应变的增加几乎不变，保持在一定值直至断裂；而再结晶退火后的超细晶铜材的拉伸曲线经过屈服阶段后，应力随应变的增加而增加，造成这种现象的主要原因是再结晶退火后的超细晶铜材中的位错密度较小，位错运动/增殖可进一步实现，所以再结晶退火后的超细晶铜材的伸长率较高。而室温下轧制态的超细晶铜材的拉伸曲线过屈服点以后，加工硬化较小，伸长率降低，应力提高，主要原因是超细晶铜材经过轧制后，其微观应变大大提高，位错密度增加，位错运动/增殖困难。

#### 7.1.4.2　异步叠轧再结晶超细晶铜材加工后的显微硬度

异步叠轧再结晶超细晶铜材加工后的显微硬度与轧制压下率的关系曲线如图 7.11 所示。

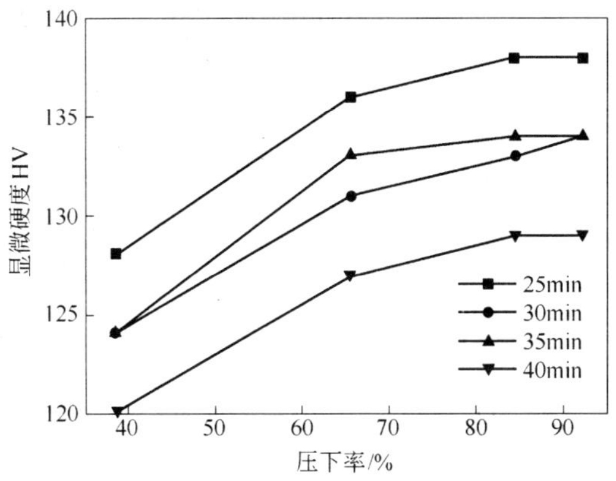


图 7.11　超细晶轧制时显微硬度与轧制压下率关系曲线

从图 7.11 可以看出，随着变形铜材轧制压下率的不断增加，即冷轧变形量的增加，各个不同再结晶退火时间下变形铜材的显微硬度均增加，在冷轧变形量增加的开始阶段，即变形铜材厚度从 0.5mm 减小至 0.28mm 时，其显微硬度增长较快，而当冷轧变形量增加到一定程度后，即变形铜材被轧到 0.28mm 以后，其显微硬度增长变缓，并趋向稳定。

#### 7.1.4.3　异步叠轧再结晶超细晶铜材加工后的组织

从以上研究结果可以看出，六道次异步叠轧再结晶退火时间为 35min 变形铜材的组织相对比较均匀，因此，选六道次异步叠轧再结晶退火时间为 35min 的试样为研究对象，将其分别轧至 0.50mm、0.28mm、0.14mm 和 0.08mm，压下率分别为 38.5%、65.4%、84.6%、92.3% 时的轧制态超细晶铜材进行纵截面形貌的原子力显微镜分析，结果如图 7.12 所示。

由于原子力显微镜分辨率更高（可达原子级），从图 7.12 可以清晰地看到轧制加工压下率为 38.5% 和 65.4% 的变形铜材的组织很均匀，晶粒尺寸大约在 100 ~ 200nm 之间；轧制加工压下率为 84.6% 和 92.3% 的变形铜材，组织比较均匀，晶粒尺寸大约在

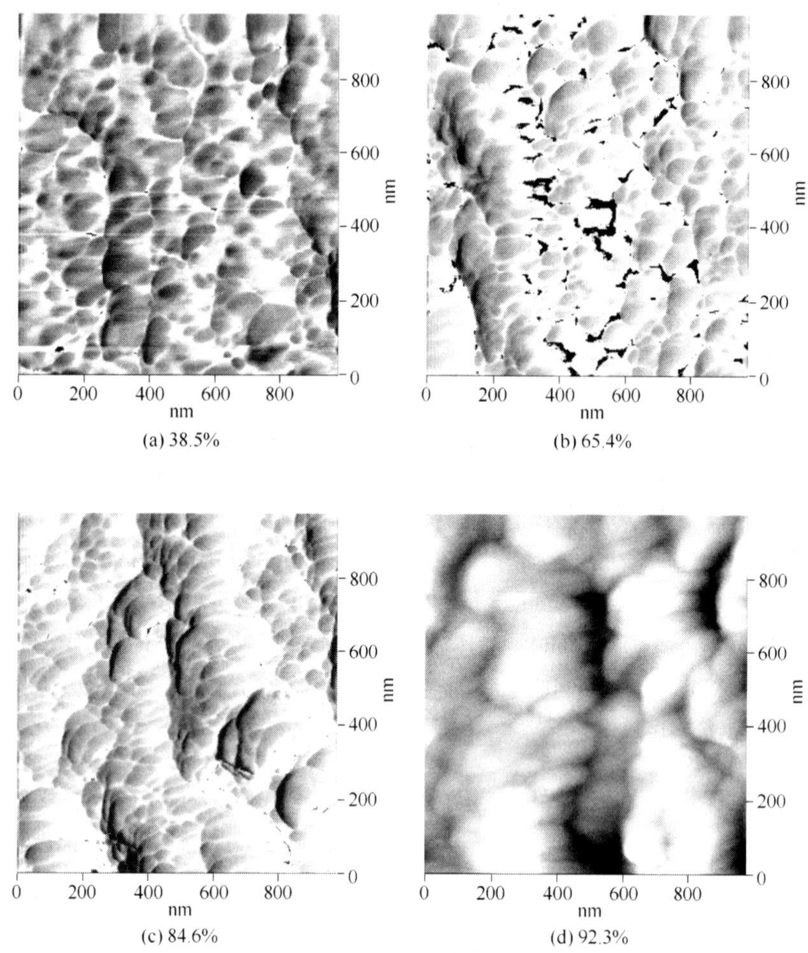


图 7.12　超细晶铜材不同压下率试样纵截面的原子力显微镜形貌

200nm 左右，所有晶粒沿轧制方向均被拉长，但拉长的趋势不大。同时可以看到，拉长的晶粒内部存在许多小晶粒，也有可能制备的超细晶铜材在轧制变形加工过程中晶粒被轧碎，或者说在变形过程中晶粒内部被分化为许多具有小角度取向的小亚晶，但还需要进一步验证。

### 7.1.5 异步叠轧不同阶段变形铜材的力学性能及显微硬度

异步叠轧前的铜材塑性很好，伸长率达到44%，抗拉强度 $R_m$ 为231.3MPa，屈服强度 $R_{p0.2}$ 为101.5MPa，板面显微硬度为63.0HV，横截面显微硬度为50.5HV，纵截面显微硬度为51.0HV；经过六道次异步叠轧后获得的超细晶铜材的抗拉强度 $R_m$ 为455.7MPa，屈服强度 $R_{p0.2}$ 为349.6MPa，板面显微硬度为110.7HV，横截面显微硬度为80.5HV，纵截面显微硬度为67.4HV；六道次异步叠轧后获得的超细晶铜材再经过220℃再结晶退火处理，在30~50min可以获得综合性能比较好的超细晶铜材，其抗拉强度 $R_m$ 为424.5MPa，屈服强度 $R_{p0.2}$ 为323.1MPa，板面显微硬度为125HV，横截面显微硬度为110HV，纵截面显微硬度为103HV；异步叠轧再结晶后获得的超细晶铜材经过不同压下率的轧制变形，加工应变量越大，其强度和硬度也越大。

### 7.1.6 铜材的塑性及延展性

材料的塑性是指材料承受变形而不断裂的能力，本试验中用铜材长度的伸长率或截面积的收缩率来表征。一般来说，多晶材料的塑性随晶粒的减小而提高。大变形异步叠轧制备的超细晶铜材的塑性有下面两个主要特点。

（1）延展性较好，伸长率达到1440%。

（2）室温伸长率只有7.2%，比异步叠轧前的铜材44%下降很多。也就是说，超细晶铜材进行单向拉伸采用拉伸试验测试伸长率，其伸长率不是很高，单向拉伸性能弱；采用轧制方法进行延展性测试，该种方法属于压缩变形，测试变形铜材承受三向压缩应力，获得的延展性很高，说明采用大变形异步叠轧制备的超细晶铜材的压缩变形性好。

超细晶铜材的延展性测试方法是：将超细晶铜材切割成50mm×20mm的长条状，厚度为制备的超细晶铜材的厚度0.8mm，即长 $L_1$ = 50mm，宽 $N_1$ = 20mm，厚度 $d_1$ = 0.80mm。用同步轧机对其进行轧制，轧制速度采用300r/min。将试样直接轧制至轧机所能轧到的最薄厚度，即 $d_2=0.08\text{mm}$。测量此时 $L_2$ 的值。由于铜材宽度并无变化，$N_2=20\text{mm}$。可得到室温延展性：

$$\eta=(L_2-L_1)/L_1\times100\% \tag{7.1}$$

将试样厚度轧至轧机所能轧到的最薄厚度，即 $d_2=0.08\text{mm}$，此时 $L_2=770\text{mm}$，而试样宽度并无变化，$N_2=20\text{mm}$，可得到试样的室温延展性 $\eta=(L_2-L_1)/L_1\times100\%=(770-50)/50\times100\%=1440\%$。超细晶铜材延展前和延展后试样的宏观对比照片如图 7.13 所示。

图 7.13　超细晶铜材大变形异步叠轧前后试样的照片

从图 7.13 可以看出，超细晶铜材经过冷轧处理后，在室温下具有超塑延展性。室温冷轧过程中，轧制态超细晶铜的平均晶粒尺寸变化不大，铜材平均微观应变随变形量的增加而增加，当变形量大于某一值时，平均微观应变达到一平衡值[178]。通过对室温冷轧超细晶铜材的显微硬度测试，发现在冷轧过程初始阶段铜材有少量的加工硬化，当变形量达到一定程度时，超细晶铜材无加工硬化效应。恒定的晶粒尺寸、恒定的位错密度以及恒定的硬度值说明超细晶铜材的塑性变形机制是由晶界行为所控制而并非位错运动机制[231]。上述说明，通过控制制备工艺获得高质量的超细晶体铜材，实现其在一定条件下（如变形温度、变形速度等）的超塑性是非常有希望的。

## 7.2　铜材的电导率

传统理论认为，各种晶格缺陷对金属电阻率 $\rho$ 都有贡献。对于金属铜而言，各种缺陷对电阻率的贡献如下[232]：

（1）空位对电阻率 $\rho$ 增大的量为 1.6μΩ · cm/% 原子（μΩ · cm/% 原子是 1% 原子点缺陷对 $\rho$ 的贡献）；

（2）间隙原子对电阻率 $\rho$ 增大的量为 2.5μΩ·cm/%原子；

（3）晶界对电阻率 $\rho$ 增大的量为 $31.2\times10^{-9}$ μΩ·cm/cm²/cm³（μΩ·cm/cm²/cm³ 是单位体积内单位晶界面积对 $\rho$ 的贡献）；

（4）位错对电阻率 $\rho$ 增大的量为 $1.0\times10^{-13}$ μΩ·cm/cm/cm³（μΩ·cm/cm/cm³ 是单位体积内单位位错的长度对 $\rho$ 的贡献）。

塑性变形过程中形成点缺陷与位错，因而 $\rho$ 增大，其增大数值与变形程度有关，如下式所示：

$$\Delta\rho = C\cdot\varepsilon^{n} \tag{7.2}$$

式中，$C$ 为正比系数；$n$ 在 0~2 范围内；$\varepsilon$ 为变形量。

同时，一般情况下，纯金属经大变形量冷加工后（例如铝、铜、银、铁等），在室温下电阻率 $\rho$ 增大仅为 2%~6%。$\rho$ 增大的原因首先是由于晶格畸变所致，同时冷加工也改变原子结合力并可导致原子间距增大。实验过程中对铜材的电导率及电阻进行检测分析，以观察其在不同工艺过程中的变化规律。

### 7.2.1 异步叠轧变形前铜材的电导率

首先对异步叠轧变形前铜材的电导率进行检测，电导率的数值为 62MS/m，电阻率 $\rho$ 为 0.001613mΩ·cm，高于标准退火态 1 号 Cu 的电导率 58MS/m（0.0017241mΩ·cm）。

异步叠轧变形前铜材的成分如表 7.1 所示，组织如图 7.14 所示。成分表明原材料纯度比较高，组织观察表明第二相很少，因此铜材的导电性很好。在加工原材料制备超细晶铜材前，对该组织进行 600℃×1h 均匀化退火，使原材料组织更加均匀，然后检测了异步叠轧前铜材的电导率，检测值高于 62MS/m，但无法读取其真实数据。这时通过铜材的电阻率来换算成电导率，电阻率测量值为 0.0013mΩ·cm，电导率为 76.3MS/m。说明叠轧前铜材的导电性经过均匀化退火后得到提高，主要原因是均匀化退火后铜材的晶粒长大，晶界减少。晶粒的长大减少了铜材内部缺陷，晶界和各种缺陷的减少使导电性提高；同时退火后出现了大量大尺寸退火孪晶，使均匀化退火后电导率下降。

表 7.1　异步叠轧变形前铜材的成分

| 成　分 | Cu | Bi | Sb | Fe | Pb | S | P | O | Σ |
|---|---|---|---|---|---|---|---|---|---|
| 含　量<br>(质量分数)/% | 99.95 | 0.002 | 0.002 | 0.005 | 0.005 | 0.005 | 0.003 | 0.003 | 0.05 |

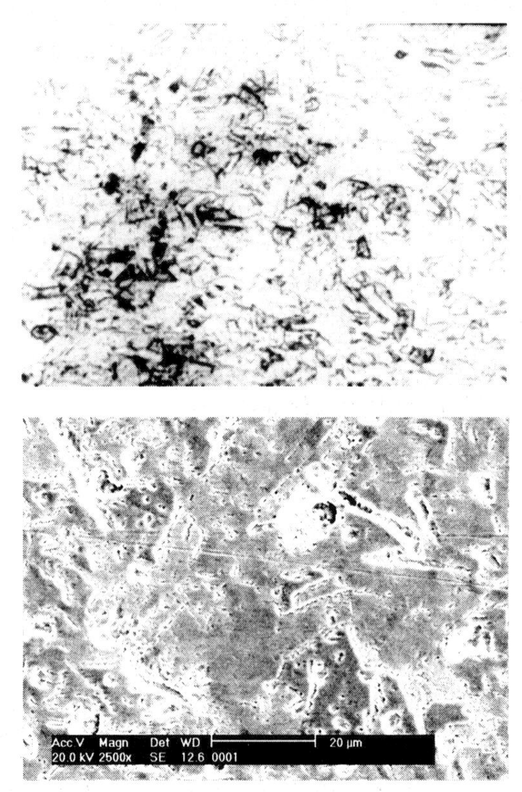


图 7.14　异步叠轧变形前铜材的组织

### 7.2.2　超细晶铜材不同等效应变下的电导率

对异步叠轧不同等效应变后获得的超细晶铜材的电阻进行测量，获得的电阻率和换算为电导率随等效应变的变化情况如图 7.15 和图 7.16 所示。

可见，相同等效应变的变形铜材在三个检测面上测量的电阻值

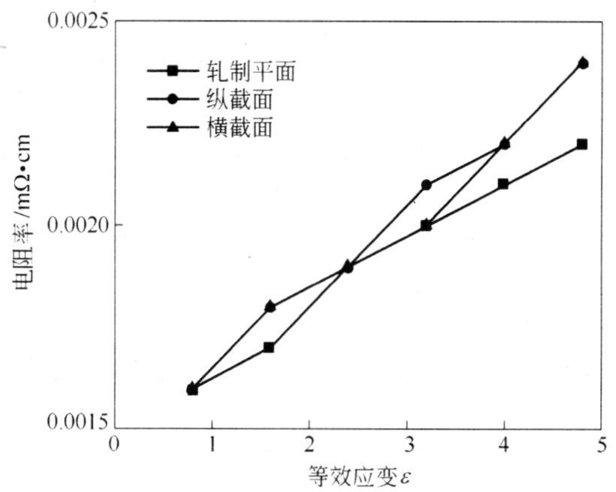


图 7.15 电阻率和等效应变关系图

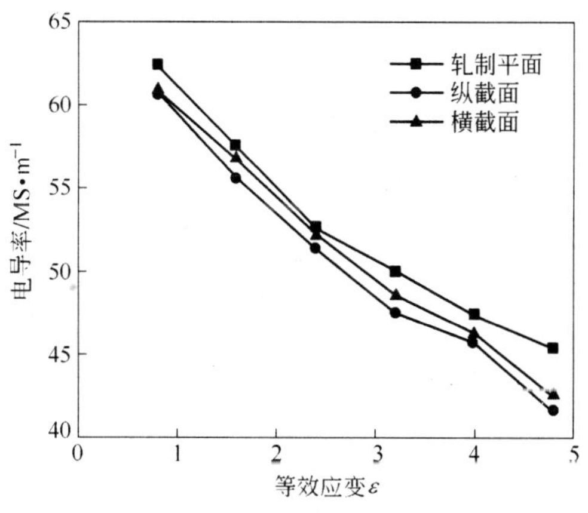


图 7.16 电导率和等效应变关系图

不同，无论等效应变的大小如何，板面的电阻率最小，其次是横截面，纵截面的电阻率最大。也就是说，板面的电导率最高，导电性最好，其次是横截面，纵截面的电导率最低。随着等效应变的增加，电阻率上升，电导率下降，导电性降低，由于在等效应变 1.6 和 3.2 变形后进行了去应力退火，消除加工过程中的部分缺陷和晶格畸变，因此变形铜材电阻率的增加趋势不是很陡。

同一等效应变后变形铜材三个检测面电阻率和电导率的不同表明，在异步叠轧过程三个方向上受力不同，因此变形后晶格发生畸变程度和产生缺陷数量不同，所以电阻率和电导率就有所差异。纵截面晶格发生畸变最大，产生的缺陷最多，其次是横截面，最后是板面。从异步叠轧过程组织观察分析表明，随着等效应变的增加，空位、位错等缺陷增加，亚晶数量增加，这些缺陷和亚晶界的增加使得自由电子在运动过程中阻力增大，因此电导率下降。

### 7.2.3　超细晶铜材（等效应变 $\varepsilon=4.8$）再结晶过程的电导率

对异步叠轧等效应变 $\varepsilon=4.8$ 的变形铜材在 220℃进行不同时间退火，然后检测不同退火时间下的电阻率和电导率，其结果如图 7.17、图 7.18 所示。

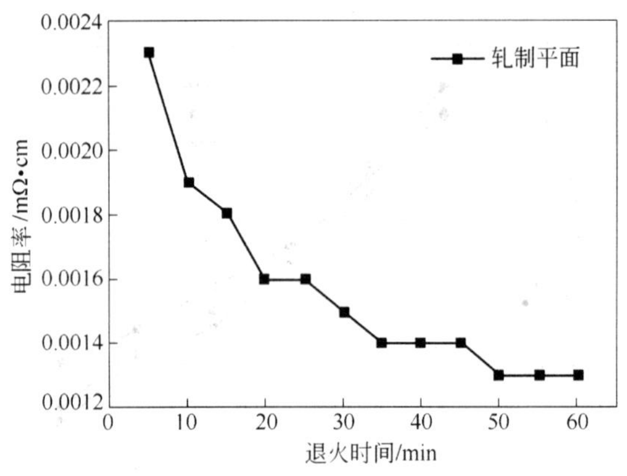


图 7.17　电阻率和退火时间关系图

从图 7.17 和图 7.18 中可以看出，电阻率随再结晶退火时间的延长逐渐下降，电导率增加，再结晶退火 35min 以后，变形铜材电阻率的变化趋势不大。从再结晶过程组织观察表明，35min 再结晶退火后组织完全发生再结晶，而且在随后的更长时间退火过程中，35～50min，晶粒长大趋势很小，这也可以很好地解释再结晶过程电阻率及电导率随退火时间的变化。再结晶退火 5～30min，变形铜材内发生回复及再结晶形核过程，缺陷密度逐渐下降，因此，电阻率

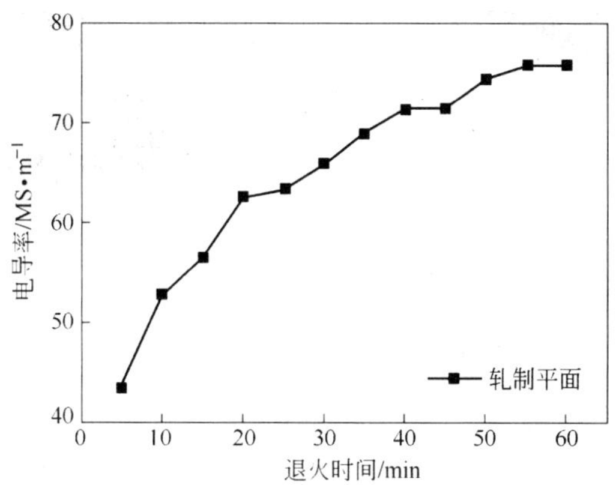


图 7.18 电导率和退火时间关系图

下降比较快，再结晶退火 35min 之后，晶粒发生完全再结晶，长大趋势不大，因此变形铜材电阻率的下降不大，变化不大。

从图 7.17 中还可以看出，经过再结晶退火 35～50min，晶粒尺寸为 200～500nm 的超细晶铜材的电阻率大小和异步叠轧前晶粒尺寸为 30～50μm 的大晶粒铜材的电阻率相当。按前面不同缺陷对电阻率的贡献表明，晶界面积的增加会使电阻变大，晶粒尺寸为 200～500nm 的超细晶铜材的电阻率应该比晶粒尺寸为 30～50μm 的大晶粒铜材的电阻率大，然而电阻测量结果却表明电阻率大小相当。文献［233，234］中表明纳米孪晶铜的电导率和粗晶铜的电导率相当，主要是由于纳米级孪晶界引入的电阻远小于晶界引入的电阻，因此虽然晶粒小，晶界面积大，但因为大部分晶界为纳米级孪晶界，因此电阻变化不大，和粗晶铜相当。组织观察表明，再结晶退火 35min 后超细晶铜材中存在部分孪晶，如图 7.19 所示，但该孪晶比较大，晶粒尺寸在 200nm 左右，与文献中提到的孪晶宽度为十几个纳米的孪晶在尺寸上存在很大差异，而且只有部分孪晶。因此，通过异步叠轧再结晶获得的超细晶铜材晶粒细化后电导率几乎没有下降的现象还有待于进一步深入研究。

六道次（$\varepsilon$ =4.8）异步叠轧铜材在 35min 再结晶退火后分别进

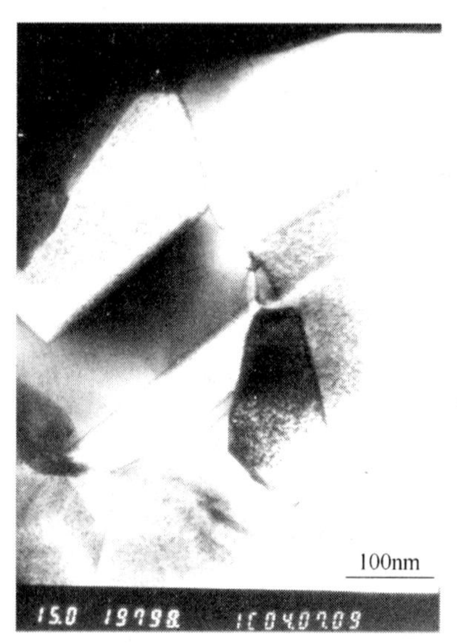


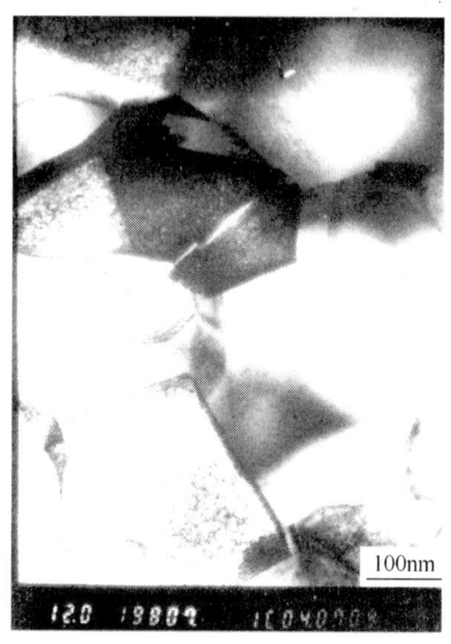


图 7.19　异步叠轧等效应变 $\varepsilon = 4.8$ 及再结晶退火后
超细晶铜材的孪晶结构

行轧制，测量不同压下率下铜材的电阻率。通过测量表明，电阻率的大小和 1 号标准退火态铜相当，变化不大，压下率增加时，电阻率的下降趋势很小，几乎未发生变化。这说明超细晶在 38.5% ~ 92.3% 应变范围内加工，铜材内部可能只发生晶界滑移，未有缺陷产生或晶界增加，加工变形性好，但超细晶铜材在 38.5% ~ 92.3% 应变范围内加工的残余应力比较大，与传统理论又相矛盾。因此超细晶铜材加工过程中电阻率变化程度小的原因还需进一步研究及实验验证。

## 7.3　扩大实验

### 7.3.1　基础研究设备与工艺

首先在现有的一台轧机上进行了大量的异步叠轧实验，如图 7.20 所示，轧制功率比较小，安装轧机速度控制系统一套，进行大量异步叠轧探索实验，完成叠轧所用主要设备的改装调试，确定了

(a) 轧机与控制设备

(b) 异步辊系的配置

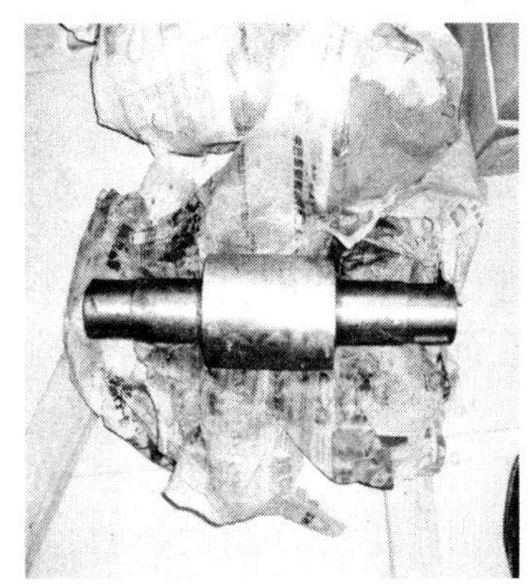

(c) 设计加工的异步辊

图 7.20 主要轧制设备

适合本试验的异步比（1∶1.08），进行异步叠轧轧辊的设计、制作及一些相关实验设备及所用材料的采购，确定了异步叠轧过程获得均匀轧制组织的工艺条件：在异步比为 1.08，轧制速度为 100r/min，每道次压下量 50% 的轧机控制参数下，异步叠轧制备超细晶铜材的工艺为：600℃保温 60min 均匀化退火工艺下，每轧制两道次进行一次去应力退火，去应力退火温度 130℃，保温 30min。六道次异步叠轧后再进行 220℃退火 25 ~ 40min，在此工艺下获得了超细晶铜材，如图 7.21 所示。

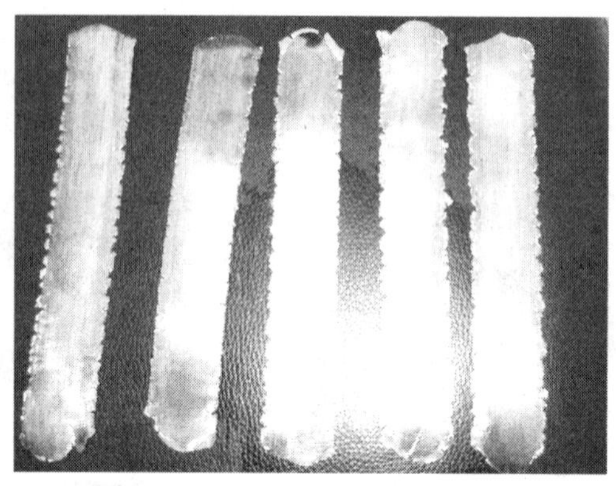

图 7.21　异步叠轧六道次并退火制备的
超细晶铜材（小功率轧机）

### 7.3.2　技术扩大试验

在以上设备上进行大变形异步叠轧法制备超细晶铜材，由于轧机功率比较小以及轧机轧辊尺寸比较小，因此制备的超细晶铜材尺寸比较小。为了验证工艺的稳定性及可行性，对昆明贵金属研究所的大功率轧机（图 7.22）进行了异步改造，在其上进行相同工艺的试验研究，最终制备出了综合性能优异的超细晶铜材，如图 7.23 所示。

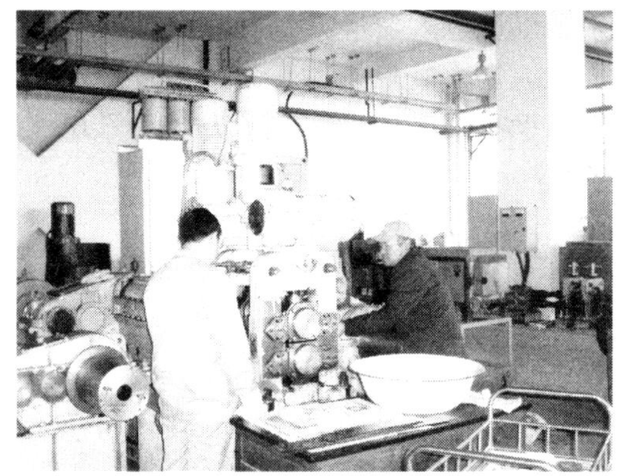

图 7.22　异步叠轧大功率轧机

图 7.23　六道次异步叠轧及再结晶退火制备的超细晶铜材（大功率轧机）

改造大功率轧机进行大变形异步叠轧试验表明，采用小功率轧机工艺参数应用于大功率轧机上，其工艺比较稳定，同样制备出了性能优异的超细晶铜材。进一步证实了大变形异步叠轧制备超细晶铜材的技术可行性。

# 参考文献

[1] 曾华梁，吴仲达，陈均武，等．电镀工艺手册[M]．北京：机械工业出版社．1999，628～630.

[2] 熊毅，荆天辅，张春江，等．喷射电沉积纳米晶镍的研究[J]．电镀与精饰，2000，22(5):1～4.

[3] 山本盛一，中尾敦己．PVD 与 CVD 法——最新表面处理动态[J]．杨燕奎，王冰译．国外金属加工，2000，(3):1～5，12.

[4] 张箐．化学气相沉积技术发展趋势[J]．表面技术，1996，25(2):1～3.

[5] 马胜利，徐可为．等离子体气相沉积硬质膜工艺技术进展[J]．兵器材料科学与工程，2000，23(3):63～70.

[6] Rendt R A. New Flexible Reactor Design for R&D PECVD Deposition Systems[J]. Surface and Coatings Technology, 1993, 59(1～3):148～151.

[7] 吴隽贤．激光镀技术[J]．表面技术，2000，29(5):19～20.

[8] 张国福．纳米粒子的化学制备方法及应用[J]．甘肃高师学报，2003，8(2):39～41.

[9] Shi N L, Luo K, Zu Y P, et al. A Novel Technology for Preparation of High Performance Fiber by Radio Frequency Heating CVD[J]. The Journal of Materials Science & Technology, 2000, 16(6):637～638.

[10] 谢冰，章少华．纳米氧化铝的制备及应用[J]．江西化工，2004，(1):21～25.

[11] 姜正泉，丁红燕．纳米陶瓷粉末的液相制备技术[J]．枣庄师范专科学校学报，2002，19(2):69～71.

[12] 王艳荣，邱克辉，邓昭平．纳米 $CeO_2$ 的制备方法研究进展[J]．山东陶瓷，2003，26(3):19～22，27.

[13] 张爱科．纳米材料在固体推进剂中的应用[J]．宇航材料工艺，2003，33(3):17～20.

[14] 颜建锋，梁红伟，吕有明，等．利用 P-MBE 在 Si(111)衬底上生长氧化锌薄膜及其光学性质的研究[J]．红外与毫米波学报，2004，23(2):103～106.

[15] 李金隆，张鹰，邓新武，等．超高真空中 SrTiO 薄膜同质外延生长的过程研究[J]．真空科学与技术学报，2004，24(1):63～66.

[16] 王荣，齐宏进．磁控溅射法制备 PET 基纳米 TiO 膜的 XPS 表征[J]．青岛大学学报（工程技术版），2004，19(1):42～46.

[17] 蒋惠亮，徐光年，方云，等．纳米技术与纳米材料（Ⅶ）——无机纳米材料的制备、性能及表征[J]．日用化学工业，2004，34(1):57～61.

[18] 曾志峰，于国萍，魏正和，等．射频溅射法制备掺杂 $SnO_2$ 纳米薄膜的研究[J]．武汉大学学报（理学版），2004，50(1):55～59.

[19] 李顺林，等．金属基纳米复合材料的制备技术研究[J]．南京航空航天大学学报，2003，35(5):572～578.

[20] Fecht H J, Hellstem E, Fu Z, et al. Nanocrystalline Metals Prepared by High-energy Ball Milling[J]. Metallurgical and Materials Transactions A, 1990, 21(9):2333 ~ 2337.

[21] Eckert J, Holzer J C, Krill C E, et al. Reversible Grain Size Changes in Ball-milled Nanocrystaline Fe-Cu Alloys[J]. Materials Research Society, 1992, 7(8):1980 ~ 1983.

[22] 王立忠，王经涛，郭成，等. 等径弯曲通道变形制备超细晶铝合金的组织性能[J]. 西安交通大学学报，2004，38(5):457 ~ 460，473.

[23] Valiev R Z, Islamgaliev R K, 钱玉麟. 急剧塑性变形工艺加工超细晶粒合金的增强超塑性[J]. 上海钢研，2001，(3):37 ~ 42.

[24] 唐志宏，黄伯云，周科朝，等. 超细晶材料制备新工艺——等径角挤压[J]. 材料导报，2001，15(8):16 ~ 19.

[25] 罗蓬，夏巨谌，胡侨丹，等. 基于等径角挤压（ECAP）的超细晶铸造镁合金制备研究[J]. 稀有金属材料与工程，2005，34(9):1493 ~ 1496.

[26] 黄俊霞，曹小芳，杜忠泽，等. 等径弯曲通道变形法及其晶粒细化机制[J]. 金属材料研究，2002，28(4):1 ~ 6.

[27] 索涛，李玉龙. 径通道挤压中晶粒细化影响因素的研究进展[J]. 材料科学与工程学报，2004，22(1):132 ~ 137.

[28] 杜忠泽，冯广海，符寒光，等. ECAP 变形与材料组织性能控制的研究[J]. 材料工程，2006，(3): 64 ~ 68.

[29] 李建萍，于艳丽，胡建辉，等. 等通道转角挤压工艺制备超细化合金的研究与进展[J]. 南昌航空工业学院学报（自然科学版），2005，19(3):10 ~ 140.

[30] 李宕. 等径弯曲通道变形法在制备 Cu 基超细晶合金材料中的应用研究[J]. 金属材料研究，2003，29(1):7 ~ 10.

[31] Park K T, Lee Y K, Shin D H. Fabrication of Ultrafine Grained Ferrite/Martensite Dual Phase Steel by Severe Plastic Deformation[J]. ISIJ international, 2005, 25(5):750 ~ 755.

[32] Valiev R Z, Langdon T G. Principles of Equal-channel Angular Pressing as A Processing Tool for Grain Refinement[J]. Progress in Materials Science. 2006(51): 881 ~ 981.

[33] Pushin V G, Stolyarov V V, Valiev R Z, et al. Nanostructured TiNi-based Shape Memory Alloys Processed by Severe Plastic Deformation[J]. Materials Science and Engineering A, 2005, 410 ~ 411: 386 ~ 389.

[34] Ferry M, Burhan N. Microstructural Evolution in A Fine-grained Al-0. 3 wt. % Sc Alloy Produced by Severe Plastic Deformation[J]. Scripta Materialia, 2007, 56(6):525 ~ 528.

[35] Nagarajan D, Chakkingal U, Venugopal P. Influence of Cold Extrusion on the Microstructure and Mechanical Properties of An Aluminium Alloy Previously Subjected to Equal Channel Angular Pressing[J]. Journal of Materials Processing Technology, 2007, 182(1 ~ 3): 363 ~ 368.

[36] Leo P, Cerri E, Marco P P De, et al. Properties and Deformation Behaviour of Severe Plastic Deformed Aluminium Alloys[J]. Journal of Materials Processing Technology, 2007, 182

(1~3):207~214.

[37] Torre F D, Lapovok R, Sandlin J, et al. Microstructures and Properties of Copper Processed by Equal Channel Angular Extrusion for 1 ~ 16 Passes[J]. Acta Materialia, 2004, 52(16): 4819~4832.

[38] Zhao W S, Tao N R, Guo J Y, et al. High Density Nano-scale Twins in Cu Induced by Dynamic Plastic Deformation[J]. Scripta Materialia, 2005, 53(6):745~749.

[39] Wu S D, Wang Z G, Jiang C B, et al. Shear Bands in Cyclically Deformed Ultrafine Grained Copper Processed by ECAP[J]. Materials Science and Engineering A, 2004, 387~389: 560~564.

[40] Huang C X, Wang K, Wu S D, et al. Deformation Twinning in Polycrystalline Copper at Room Temperature and Low Strain Rate[J]. Acta Materialia, 2006, 54(3):655~665.

[41] Li X W, Wu S D, Yasuda H Y, et al. Temperature-dependent Microstructure in Fatigued Ultrafine-grained Copper Produced by Equal Channel Angular Pressing[J]. Advanced Engineering Materials, 2005, 7(9):829~833.

[42] Wong M K, Kao W P, Liu J T, et al. Cyclic Deformation of Ultrafine-grained Aluminum [J]. Acta Materialia, 2007, 55(2): 715~725.

[43] 王立忠，王经涛，郭成，等. ECAP法制备超细晶铝合金材料的超塑性行为[J]. 中国有色金属学报，2004，14(7):1112~1116.

[44] 刘睿，孙康宁，毕见强，等. 径角挤压法制备块体超细晶材料的研究现状及展望[J]. 锻压技术，2005，30(6):85~89.

[45] 黄崇湘，吴世丁，李广义，等. 循环形变对超细晶铜室温拉伸行为的影响[J]. 金属学报，2004，40(11):1165~1169.

[46] Mughrabi H, Valiev R Z. Microstructural Study of the Parameters Governing Coarsening and Cyclic Softening in Fatigued Ultrafine-grained Copper[J]. Philosophical Magazine A, 2002, 82(9): 1781~1794.

[47] McNee K R, Greenwood G W. Microstructural Evidence for Diffusional Creep in Copper Using Atomic Force Microscopy[J]. Scripta Materialia, 2001, 44(2):351~357.

[48] Zhang Z F, Wang Z G, Sun Z M. Evolution and Microstructural Characteristics of Deformation Bands in Fatigued Copper Single Crystals[J]. Acta Materialia, 2001, 49(15):2875~2886.

[49] Maier H J, Gabor P, Gupta N, et al. Cyclic Stress-strain Response of Ultrafine Grained Copper[J]. International Journal of Fatigue, 2006, 28(3): 243~250.

[50] Maier H J, Gabor P, Karaman I. Cyclic Stress-strain Response and Low-cycle Fatigue Damage in Ultrafine Grained Copper[J]. Materials Science and Engineering A, 2005, 410~411: 457~461.

[51] Höppel H W, Kautz M, Xu C M, et al. An Overview: Fatigue Behaviour of Ultrafine-grained Metals and Alloys[J]. International Journal of Fatigue, 2006, 28(9): 1001~1010.

[52] Mughrabi H, Höppel H W, Kautz M. Fatigue and Microstructure of Ultrafine-grained Metals Produced by Severe Plastic Deformation[J]. Scripta Materialia, 2004, 51(8): 807 ~ 812.

[53] Kunz L, Lukáš P, Svoboda M. Fatigue Strength, Microstructural Stability and Strain Localization in Ultrafine-grained Copper[J]. Materials Science and Engineering A, 2006, 424 (1 ~ 2):97 ~ 104.

[54] Goto M, Han S Z, Yakushiji T, Lim C Y, Kim S S. Formation Process of Shear Bands and Protrusions in Ultrafine Grained Copper under Cyclic Stresses[J]. Scripta Materialia, 2006, 54(12):2101 ~ 2106.

[55] Pakiela Z, Garbacz H, Lewandowska M, et al. Structure and Properties of Nanomaterials Produced by Severe Plastic Deformation[J]. Nukleonika, 2006, 51(Supplement 1): 19 ~ 25.

[56] Segal V M, Ferrasse S, Alford F. Tensile Testing of Ultra Fine Grained Metals[J]. Materials Science and Engineering A, 2006, 422(1 ~ 2):321 ~ 326.

[57] Cheng Xu, Zenji Horita, Terence G Langdon. The Evolution of Homogeneity in Processing by High-pressure Torsion[J]. Acta Materialia, 2007, 55(1):203 ~ 212.

[58] Ungár T, Balogh L, Zhu Y T. Using X-ray Microdiffraction to Determine Grain Sizes at Selected Positions in Disks Processed by High-pressure Torsion[J]. Materials Science and Engineering A, 2007, 444(1 ~ 2):153 ~ 156.

[59] Gubicza J, Dragomir L C, Ribárik G, et al. Characterization of Microstructure of Severely Deformed Titanium[J]. Materials Science Forum, 2003, 414 ~ 415: 229 ~ 234.

[60] Imayev R M, Imayev V M, Salishchev G A. Formation of Submicrocrystalline Structure in TiAl Intermetallic Compound[J]. Journal of Materials Science, 1992, (27): 4465 ~ 4471.

[61] Salishchev G A, Valiakhmetov O R, Galeyev R M. Formation of Submicrocrystalline Structure in the Titanium Alloy VT8 and Its Influence on Mechanical Properties[J]. Journal of Materials Science, 1993, (28): 2898 ~ 2902.

[62] Belyakov A, Gao W, Miura H, et al. Strain-induced Grain Evolution in Polycrystalline Copper during Warm Deformation[J]. Metallurgical and Materials Transactions A, 1998, 29A: 2957 ~ 2965.

[63] Belyakov A, Sakai T, Miura H, et al. Grain Refinement in Copper under Large Strain Deformation[J]. Philosophical Magazine A, 2001, (11): 2629 ~ 2643.

[64] Belyakov A, Sakai T, Miura H, et al. Continuous Recrystallization in Austenitic Stainless Steel after Large Strain Deformation[J]. Acta Materialia, 2002, 50(6):1547 ~ 1557.

[65] 陆文林，海锦涛，等. 采用沙漏挤压工艺制备超细晶材料[J]. 热加工工艺，2001，1(2):10 ~ 12.

[66] Utsunomiya H, Hatsuda K, Sakai T, et al. Continuous Grain Refinement of Aluminum Strip by Conshearing[J]. Materials Science and Engineering A, 2004, 372(1 ~ 2):199 ~ 206.

[67] Utsunomiya H, Saito Y, Suzuki H, et al. Development of the Continuous Shear Deformation Process, in Proceedings of the Institution of Mechanical Engineers Part B[J]. Journal of Engineering Manufacture, 2001, 215B: 947 ~957.

[68] Utsunomiya H, Saito Y, Okamura, et al. in: T. Maki, S. Takaki (Eds.), Proceedings of the International Symposium on Ultrafine Grained Steels, ISU, Tokyo, 2001, 146 ~149.

[69] Saito Y, Utsunomiya H, Suzuki H, et al. Improvement in the R-value of Aluminum Strip by A Continuous Shear Deformation Process[J]. Scripta Mater, 2000, 42(12): 1139 ~1144.

[70] Utsunomiya H, Saito Y, Hayashi T, et al. Rolling of T-shaped Profiled Strip by the Satellite Mill[J]. Journal of Materials Engineering and Performance, 1997, 6(3):319 ~325.

[71] 邓忠民, 洪友士, 朱晨. SPD 纳米材料制备方法及其力学特性[J]. 力学进展, 2003, 33(1): 56 ~64.

[72] 赵新, 高聿为, 南云, 等. 制备块体纳米/超细晶材料的大塑性变形技术[J]. 材料导报, 2003, 17(12):5 ~8.

[73] 王素梅, 孙庚宁, 毕见强, 等, 大塑性变形法制备块体纳米材料[J]. 金属热处理, 2003, 28(5):5 ~7.

[74] Zhu Y T, Lowe T C, Jiang H, et al. Method for Producing Ultrafine-grained Materials Using Repetitive Corrugation and Straightening, Us Patent 6197129, 2001.

[75] 大森章夫, 高宏适, 曹涵清. 中温轧制法试制超细铁素体-渗碳体组织钢板的性能[J]. 世界钢铁, 2004, 4(2):20 ~26.

[76] 范建文, 张维旭, 赵胜国, 等. 普通碳锰钢的超细晶板材控轧工艺研究[J]. 材料热处理学, 2004, 25(1):32 ~35.

[77] 殷匠. 钢铁材料的纳米技术 (一) [J]. 热处理, 2004, 19(1):17.

[78] 石淑琴, 陈光, 谷南驹. 超细晶超高碳钢的超塑性研究[J]. 新技术新工艺, 2003, (12):45 ~48.

[79] 石淑琴, 陈光, 谷南驹. 超细晶超高碳钢的研究现状及展望[J]. 材料导报, 2003, 17(11):19 ~22.

[80] 刘清友, 侯豁然. 微合金钢超细组织的控制轧制[J]. 钢铁研究学报, 2000, 12(6): 29 ~32.

[81] 董瀚. 超细晶粒钢及其力学性能特征[J]. 中国冶金, 2003, (10): 26 ~31.

[82] Wilde G, Dinda G, Rösner H. Synthesis of Bulk Nanocrystalline Materials by Repeated Cold Rolling[J]. Advanced Engineering Materials, 2005, 7(1 ~2):11 ~15.

[83] Shanmugasundaram T, Murty B S, Subramanya Sarma V. Development of Ultrafine Grained High Strength Al-Cu Alloy by Cryorolling[J]. Scripta Materialia, 2006(54): 2013 ~2017.

[84] Li B L, Tsuji N, Kamikawa N. Microstructure Homogeneity in Various Metallic Materials Heavily Deformed by Accumulative Roll-bonding[J]. Materials Science and Engineering A, 2006, 423(1 ~2):331 ~342.

[85] Chen M C, Hsieh H C, Weite Wu. The Evolution of Microstructures and Mechanical Proper-

ties during Accumulative Roll Bonding of Al/Mg Composite[J]. Journal of Alloys and Compounds, 2006, 416(1～2):169～172.

[86] Pérez-Prado M T, del Valle J A, Ruano O A, et al. Achieving High Strength in Commercial Mg Cast Alloys through Large Strain Rolling[J]. Materials Letters, 2005, 59(26):3299～3303.

[87] del Valle J A, Pérez-Prado M T, Ruano O A. Accumulative Roll Bonding of A Mg-based AZ61 Alloy[J]. Materials Science and Engineering A, 2005, 410～411: 353～357.

[88] Pérez-Prado M T, del Valle J A, Ruano O A. Grain Refinement of Mg-Al-Zn Alloys Via Accumulative Roll Bonding[J]. Scripta Materialia, 2004, 51(11):1093～1097.

[89] del Valle J A, Pérez-Prado M T, Ruano O A. Texture Evolution during Large-strain Hot Rolling of the Mg AZ61 Alloy[J]. Materials Science and Engineering A, 2003, 355(1～2):68～78.

[90] 代秀芝，刘靖，韩静涛．超细晶铜带材的制备及其力学性能研究[J]．南方金属，2006，(6)：9～11.

[91] 代秀芝，刘靖，韩静涛．超细晶铜带材的组织及力学性能研究[J]．山东冶金，2005，28(5):40～42.

[92] 朱国辉，Subramanian S V. 多道次轧制过程中超细晶粒控制[J]．安徽工业大学学报，2005，22(4):313～318.

[93] 陈彬，林栋樑，曾小勤，等．累积轧合法的研究现状及存在的问题[J]．机械工程材料，2005，29(8):4～6.

[94] 魏伟，史庆南．室温 ARB 技术制备超细晶铜板的研究[J]．有色金属，2007，59(1):35～37.

[95] 王耀奇，侯红亮，李志强，等．纯铝累积叠轧焊组织与性能演变规律研究[J]．塑性工程学报，2006，13(6):96～99.

[96] 王耀奇，侯红亮，许荣昌，等．累积叠轧焊对 L2 纯铝力学性能影响的研究[J]．锻压技术，2006，31(1):86～89.

[97] 管仁国，俊鹏，赵金力，等．叠轧深变形制备超细晶 Al-1% Mg 合金[J]．材料与冶金学报，2005，4(1):65～69.

[98] 魏坤霞，史庆南，魏伟，等．室温累积叠轧技术对纯铝板材力学性能的影响[J]．江苏工业学院学报，2004，16(4):40～43.

[99] 荆天辅，高聿为，等．Q235 钢超细晶粒钢板的制备[J]．热加工工艺，2005(1):3～5.

[100] 荆天辅，高聿为，等．板条马氏体大变形轧制工艺的晶粒细化机制[J]．钢铁研究学报，2004，16(6):69～73.

[101] 方建敏，张杏耀，单爱党，等．累积叠轧焊不锈钢的组织和性能[J]．机械工程材料，2006，30(8):16～18.

[102] 许荣昌，唐获，任学平，等．累积叠轧焊工艺改善普碳钢材料性能特征[J]．北京科技大学学报，2005，27(4):448～452.

[103] 许荣昌，唐荻，任学平，等．累积叠轧焊强加工制备亚微米金属材料的研究[J]．塑性工程学报，2006，13(4):86~89.

[104] Tsuji N, Saito Y, Lee S H, et al. ARB (Accumulative Roll-Bonding) and Other New Techniques to Produce Bulk Ultrafine Grained Materials[J]. Advanced Engineering Materials, 2003, 5(5):338~344.

[105] Tsuji N, Ueji R. Nanoscale Crystallographic Analysis of Ultrafine Grained IF Steel Fabricated by ARB Process[J]. Scripta Materialia, 2002, 47(2):69~76.

[106] Tsuji N, Ito Y. Strength and Ductility of Ultrafine Grained Aluminum and Iron Produced by ARB and Annealing[J]. Scripta Materialia, 2002, 47(12):893~899.

[107] Hiromoto K, Tsuji N, Minamino Y. Martensite Transformation from Ultrafine Grained Austenite in Fe-28.5 at.% Ni[J]. Materials Science and Engineering A, 2006, 438~440: 233~236.

[108] Rangaraju N, Raghuram T, Vamsi Krishna B, et al. Effect of Cryo-rolling and Annealing on Microstructure and Properties of Commercially Pure Aluminium[J]. Materials Science and Engineering A, 2005, 398(1~2):246~251.

[109] Kim H W, Kang S B, Tsuji N, et al. Elongation Increase in Ultra-fine Grained Al-Fe-Si Alloy Sheets[J]. Acta Materialia, 2005, 53(6):1737~1749.

[110] Costa A L M, Reis A C C, Kestens L, et al. Ultra Grain Refinement and Hardening of IF-steel during Accumulative Roll-bonding[J]. Materials Science and Engineering A, 2005, 406(1~2):279~285.

[111] 陈彦博，赵晶磊，李英龙，等．连续 ECAP 技术制备超细晶铝[J]．中国有色金属学报，2006，16(12):2054~2059.

[112] 运新兵，宋宝韫，陈莉．连续等径角挤压制备超细晶铜[J]．中国有色金属学报，2006，16(9):1563~1569.

[113] 黄斌，石原庆一，新宫秀夫．重复压缩-轧制法制备纳米级金属多层材料[J]．金属学报，1998，34(5):455~458.

[114] Hodge A M, Wang Y M, Barbee Jr T W. Large-scale Production of Nano-twinned, Ultrafine-grained Copper[J]. Materials Science and Engineering A, 2006, 429(1~2):272~276.

[115] Petryk H, Stupkiewicz S. A Quantitative Model of Grain Refinement and Strain Hardening during Severe Plastic Deformation[J]. Materials Science and Engineering A, 2007, 444(1~2):214~219.

[116] Huanga Y, Prangnell P B. Continuous Frictional Angular Extrusion and Its Application in the Production of Ultrafine-grained Sheet Metals[J]. Scripta Materialia, 2007, 56(5): 333~336.

[117] Conrad H, Jung K. On the Strain Rate Sensitivity of the Flow Stress of Ultrafine-grained Cu Processed by Equal Channel Angular Extrusion (ECAE) [J]. Scripta Materialia, 2005, 53(5): 581~584.

[118] Zhilyaev A P, Kim B K, Szpunar J A, et al. The Microstructural Characteristics of Ultrafine-grained Nickel[J]. Materials Science and Engineering A, 2005, 391(1~2): 377~389.

[119] Utsunomiya H, Hatsuda K, Sakai T, et al. Continuous Grain Refinement of Aluminum Strip by Conshearing[J]. Materials Science and Engineering A, 2004, 372(1~2):199~206.

[120] 杜随更，傅莉，王忠平，等. 铜表面的连续摩擦压扭处理[J]. 材料研究学报，2002，16(6):615~618.

[121] 杜随更，简波，傅莉. 用强冷摩擦搅拌工艺制备超细晶紫铜板材[J]. 材料研究学报，2006，20(3):295~299.

[122] 孙新军，顾家琳，代冰，等. 原始组织结构对压缩变形制备超细晶钛合金的影响[J]. 金属热处理，2000，(2): 15~18.

[123] 范爱玲，贺怀堂，田文怀，等. 电铸超细晶材料的微观组织研究[J]. 太原重型机械学院学报，2003，24(2):88~91.

[124] 范爱玲，高红叶，田文怀，等. 电铸超细晶 Cu 超高速变形机理的 TEM 研究[J]. 电子显微学报，2002，21(5):679~680.

[125] Vladimir V, Stolyarov Y, Theodore Z, et al. Grain Refinement and Properties of Pure Ti Processed by Warm ECAP and Cold Rolling[J]. Materials Science and Engineering A, 2003, 343(1~2): 43~50.

[126] Cherukuri B, Nedkova T S, Srinivasan R. A Comparison of the Properties of SPD-processed AA-6061 by Equal-channel Angular Pressing, Multi-axial Compressions/Forgings and Accumulative Roll Bonding[J]. Materials Science and Engineering A, 2005, 410~411: 394~397.

[127] 陈勇军，王渠东，李德江，等. 往复挤压工艺制备超细晶材料的研究与发展[J]. 材料科学与工程学报，2006，24(1):152~155.

[128] 杨钢，刘正东，林肇杰，等. 用等径角挤压变形法制备纳米晶金属结构材料的组织演变[J]. 钢铁，2003，38(12):38~42.

[129] Mishra A, Richard V, Grégori F, et al. Microstructural Evolution in Copper Processed by Severe Plastic Deformation[J]. Materials Science and Engineering A 2005, 410~411: 290~298.

[130] Mishra A, Kad B K, Gregori F, et al. Microstructure Evolution in Copper Subjected to Severe Plastic Deformation: Experiments and Analysis. 2007, report, ENSAM, Germany.

[131] Mishra A, Kad B K, Gregori F, et al. Microstructural Evolution in Copper Subjected to Severe Plastic Deformation: Experiments and Analysis[J]. Acta Materialia, 2007, 55(1): 13~28.

[132] 汪建敏，许晓静，石凤健，等. 侧向等径挤压过程中的材料组织演化规律[J]. 锻压技术，2005，30(2):41~43.

[133] 汪建敏，许晓静，石凤健，等. 等径角挤压获得超细晶铜的研究[J]. 热加工工艺，2004，(7):6~8.

[134] Sherby O D, Oyama T, Kum D W, et al. Ultrahigh Carbon Steels[J]. Journal of Metals, 1985, (6): 50 ~56.

[135] Hutchinson W B. Development and Control of Annealing Textures in Low-carbon Steels [J]. International Metals Rewiews, 1984, 29(1):25 ~42.

[136] Gazder A A, Dalla Torre F, Gu C F, et al. Microstructure and Texture Evolution of Bcc and Fcc Metals Subjected to Equal Channel Angular Extrusion[J]. Materials Science and Engineering A, 2006, 415: 126 ~139.

[137] Li S, Beyerlein I J, Alexander D J. Characterization of Deformation Textures in Pure Copper Processed by Equal Channel Angular Extrusion Via Route A[J]. Materials Science and Engineering A, 2006, 431(1 ~2):339 ~345.

[138] Li S, Gazder A A, Beyerlein I J, et al. Microstructure and Texture Evolution during Equal Channel Angular Extrusion of Interstitial-free Steel: Effects of Die Angleand Processing Route[J]. Acta Materialia, 2007, 55(3):1017 ~1032.

[139] Li S, Beyerlein I J, Necker C T. On the Development of Microstructure and Texture Heterogeneity in ECAE Via Route C[J]. Acta Materialia, 2006, 54(5):1397 ~1408.

[140] De Messemaeker J, Verlinden B, Van Humbeeck J. Texture of IF Steel after Equal Channel Angular Pressing (ECAP) [J]. Acta Materialia, 2005, 53(15):4245 ~4257.

[141] De Messemaeker J, Verlinden B, Van Humbeeck J. On the Strength of Boundaries in Submicron IF Steel[J]. Materials Letters, 2004, 58(29):3782 ~3786.

[142] Ferrasse S, Segal V M, Kalidindi S R, Alford F. Texture Evolution during Equal Channel Angular Extrusion Part I. Effect of Route, Number of Passes and Initial Texture[J]. Materials Science and Engineering A, 2004, 368(1 ~2):28 ~40.

[143] Ferrasse S, Segal V M, Alford F. Texture Evolution during Equal Channel Angular Extrusion (ECAE) Part Ⅱ. An Effect of Post-deformation Annealing[J]. Materials Science and Engineering A, 2004, 372(1 ~2): 235 ~244.

[144] Ferrasse S, Segal V M, Alford F. Effect of Additional Processing on Texture Evolution of Al0.5Cu Alloy Processed by Equal Channel Angular Extrusion (ECAE) [J]. Materials Science and Engineering A, 2004, 372(1 ~2): 44 ~55.

[145] 杨平. 轧制 Al-Mn 合金再结晶过程立方织构的形成[J]. 金属学报, 1999, 35(3): 225 ~231.

[146] 王昭东, 郭艳辉, 孙大庆, 等. IF 钢铁素体区热轧和退火过程中织构的演变[J]. 材料研究学报, 2006, 8(4):399 ~402.

[147] 张锦刚, 刘沿东, 蒋奇武, 等. 异步冷轧工艺对 IF 钢织构的影响[J]. 材料与冶金学报, 2005, 5(2):129 ~132.

[148] 石凤健, 汪建敏, 许晓静. 等截面角形挤压的研究内容及现状[J]. 热加工工艺, 2003, (1): 51 ~53.

[149] 刘刚, 齐克敏, 王福, 等. 剪切变形方式对取向硅钢织构和磁性的影响[J]. 钢铁,

2000, 35(4):40～43.

[150] 高秀华，齐克敏，邱春林，等．同步、异步组合轧制取向硅钢极薄带的织构研究[J]．材料导报，2002，16(1):54～55.

[151] 刘刚，刘桂兰，齐克敏，等．异步轧制取向硅钢薄带的三次再结晶[J]．材料研究学报，1998，12(4):431～433.

[152] 刘刚，齐克敏，贺会军，等．异步轧制取向硅钢的织构形成与转变机理[J]．钢铁研究学报，1999，11(5):30～33.

[153] 高秀华，齐克敏，邱春林，等．异步轧制取向硅钢极薄带的冷轧织构研究[J]．金属材料研究，2001，27(2):16～18.

[154] 刘刚，赵迪，王艺霏，等．异步轧制取向硅钢织构的模拟研究[J]．辽宁大学学报，1998，25(4):367～372.

[155] 刘刚，王福，齐克敏，等．异步轧制取向硅钢中织构沿板厚的分布与发展[J]．金属学报，1997，33(4):364～369.

[156] 刘刚，齐克敏，王福，等．异步轧制速比对3%硅钢织构转变的影响[J]．金属学报，1998，34(4):400～405.

[157] 高秀华，齐克敏，邱春林，等．轧制方式对超薄取向硅钢带性能的影响[J]．钢铁研究学报，2001，13(5):48～50.

[158] 贺会军，马傅，齐克敏，等．异步轧制对取向硅钢性能影响的研究[J]．金属材料研究，1997，23(4):17～19.

[159] 羊忆军，方建敏，吴建生，等．累积叠轧焊硅钢的组织与性能研究[J]．上海应用技术学院学报，2005，5(3):203～206.

[160] 金自力，任慧平，王玉峰，等．冷轧无取向硅钢的织构和组织性能分析[J]．特殊钢，2004，25(1):32～33.

[161] 金自力，徐向棋．轧制条件对冷轧无取向硅钢织构的影响[J]．特殊钢，2005，26(2):25～27.

[162] Takashima M. 两次冷轧法轧制的无取向硅钢{001}〈210〉织构的发展[J]．韦菁译．钢铁译文集，2006，(2)：10～15.

[163] 高秀华，齐克敏，叶何舟，等．异步轧制对硅钢极薄带三次再结晶的影响[J]．材料科学与工艺，2005，13(4):384～386.

[164] 曹利华，刘衍敏．莱钢异径异步轧制薄带技术措施的确定及理论分析[J]．山东冶金，2000，22(1):37～39.

[165] 陈爱平，刘岳华．冷轧窄带钢异步轧制工艺研究及试生产[J]．江西冶金，1994，14(5):1～5.

[166] 杨忠民，赵燕，王瑞珍，等．普通碳素钢超细晶临界奥氏体控轧工艺研究[J]．钢铁，2001，36(8):43～47.

[167] 张才国，邹柳娟，王桂兰．同步轧制与异步轧制B3F钢的正电子寿命研究[J]．华中理工大学学报，1991，19(6):131～134.

[168] 刘岳华，程小三．异步轧制对65Mn带钢质量影响机理的探讨[J]．江西冶金，1996，16(4):8~11.

[169] 郑文光，董德元．窄带钢异步冷轧轧辊热凸度及带钢同相差应用研究[J]．包头钢铁学院学报，1993，12(3):50~57.

[170] 李立新，郑红专，王铭宗，等．固相异步轧制复合双金属材料工艺条件的确定[J]．武汉钢铁学院学报，1994，17(4):363~366.

[171] 李立新．固相轧结铜铝铜双金属复合材料工艺条件优化[J]．上海有色金属，1995，16(6):326~329.

[172] 李立新．同步及异步固相轧结铜铝铜复合材料的比较研究[J]．上海有色金属，1995，16(3):133~137.

[173] 王铭宗，郑红专，姚利仁．异步轧结铝-钢双金属的实验研究[J]．钢铁，1994，29(12):32~35.

[174] 李立新．异步轧结双金属复合材料轧制力矩研究[J]．江苏冶金，1996，(4)：15~17.

[175] 林大超，史庆南，贺艳苓，等．精密复合带材异步轧制工艺中的变形关系[J]．昆明理工大学学报，1997，22(1):78~83.

[176] 段坤祥，张营森，史庆南，等．双金属异步轧制压力的测试实验研究[J]．昆明理工大学学报，1997，22(1):54~57.

[177] 林大超，史庆南．双金属轧制复合技术及其研究的进展[J]．云南冶金，1998，27(6):32~36.

[178] 魏伟，史庆南．铜/钢双金属板异步轧制复合机理研究[J]．稀有金属，2001，25(4):307~311.

[179] 张永福，丁修堃．双金属固相复合异步轧制新工艺[J]．东北工学院学报，1991，12(6):619~624.

[180] 李尧．异步轧制对3004铝合金变形织构及制耳率的影响[J]．中国有色金属学报，1997，7(2):113~117.

[181] 赵骧，赵宏，徐家桢，等．退火时间对单向异步轧制70 30黄铜再结晶织构的影响[J]．材料研究学报，1995，9(1):21~24.

[182] 吕爱强，蒋奇武，王福，等．异步轧制对高纯铝箔冷轧织构的影响[J]．金属学报，2002，38(9):974~978.

[183] 吕爱强，黄涛，王福，等．异步轧制高纯铝箔冷轧织构沿板厚的分布规律[J]．中国有色金属学报，2003，13(1):56~59.

[184] 陈扬，赵刚，刘春明，等．6111铝合金在冷轧过程中织构的变化[J]．东北大学学报（自然科学版），2006，27(1):42~45.

[185] 林丹，陈扬，宋鸿，等．道次压下率及几何因素对Al-Mg-Si合金冷轧织构的影响[J]．辽宁工学院学报，2005，25(5):306~310.

[186] 陈扬，田妮，赵刚，等．形变量对6111铝合金再结晶织构的影响[J]．轻合金加工

技术，2006，34(5):23～27.

[187] 黄涛，曲家惠，胡卓超，等. 高纯铝箔在异步轧制和再结晶过程中取向的演变[J]. 金属学报，2005，41(9):953～957.

[188] 黄涛，刘沿东，陈金玉. 冷轧形变量对异步轧制高纯铝箔织构的影响[J]. 材料研究学报，2005，19(6):619～624.

[189] 黄涛，曲家惠，王福，等. 异步轧制高纯铝箔在退火过程中织构的演变[J]. 轻合金加工技术，2005，33(4):37～40.

[190] 黄涛，曲家惠，张正贵，等. 退火工艺与速比对异步轧制高纯铝箔微取向的影响[J]. 机械工程材料，2006，30(4):13～16.

[191] 邓运来，张新明，唐建国，等. 剪切变形方向特征对高纯铝箔轧制织构的影响[J]. 中国有色金属学报，2005，15(3):829～835.

[192] 张德芬，胡卓超，王福，等. 冷轧3004铝合金再结晶织构的研究[J]. 轻金属，2004，(1)：53～57.

[193] 胡卓超，张德芬，刘沿东，等. 形变模式对3104铝合金板微取向流变行为的影响[J]. 材料科学与工艺，2005，13(1):12～15.

[194] 何欣，孙鸿藻. 冷轧卷尺用钢带生产中的质量控制[J]. 江西冶金，1991，11(6)：42～46.

[195] 计伟志. 异步轧制理论探讨[J]. 上海工程技术大学学报，1993，7(1):46～49.

[196] 高宏，陈光南. 利用激光毛化技术在普通冷带轧机上实现异步轧制[J]. 钢铁，1998，33(3):63～66.

[197] 于九明，于大克，穆晓森，等. 大延伸异步连轧实验研究[J]. 钢铁，1999，34(2):29～31.

[198] 李尧，崔建忠，马龙翔. 异步轧制使单位压力降低的原因分析[J]. 钢铁，1990，25(4):41～44.

[199] 赵正才，宋美君，汪木其. 全异步轧制的塑性力学和O. 雷夫曼公式[J]. 应用科学学报，1990，8(3):223～231.

[200] 赵正才，严颖惠. 无张力冷轧薄板异步轧制的无摩擦峰理论[J]. 四川冶金，1992，(1)：49～53.

[201] 刘守华，高德福，朱泉，等. 薄带异步冷轧时轧机震颤研究[J]. 武钢技术，1994，(5)：48～52.

[202] 王铭宗，等. 可控工艺参数对S异步轧制产品力学性能的影响[J]. 武汉钢铁学院学报，1990，13(1):25～31.

[203] 王铭宗，罗海燕，姚利仁. 异步轧制变形区单位压力纵向分布的实验研究[J]. 钢铁研究学报，1990，(2)：23～30.

[204] 徐秋实，汤富麟，徐守国. 异步单机连轧机轧制压力公式推导[J]. 鞍钢技术，1998，(12):17～21.

[205] 白光润，赵林，宋岚，等. 异步交叉轧制变形区应力分布特征[J]. 东北大学学报，

1998, 19(6):567~570.

[206] 赵林，白光润，金国田，等. 异步交叉轧制的能耗特性[J]. 东北大学学报，1997，18(4):366~369.

[207] 赵林，白光润，金国田，等. 异步交叉轧制的轴向力研究[J]. 钢铁研究学报，1997，9(6):13~15.

[208] 赵林，金国田，傅作宝，等. 异步交叉轧制能耗特性研究[J]. 钢铁，1998，33(1):42~44.

[209] 赵林，白光润. 异步交叉轧制轴向力的实验研究[J]. 鞍钢技术，1997，(4):14~17.

[210] 林原茂. 异步冷轧薄件单位压力上界解[J]. 江苏冶金，1991，(4)：18~21.

[211] 李立新. 异步冷轧对带材深冲性能影响的初步研究[J]. 武汉冶金，1993，(2):15~16.

[212] 郑文光. 异步冷轧轧制力矩的理论及实验分析[J]. 包头钢铁学院学报，1994，13(3):45~51.

[213] 齐克敏，等. 异步轧制极薄带材技术的新进展及应用前景[J]. 辽宁冶金，1994，(5)：34~37.

[214] Gao H, Ramalingam S C, Barber G C, et al. Analysis of Asymmetrical Cold Rolling with Varying Coefficients of Friction[J]. Journal of Materials Processing Technology, 2002, 124(1~2): 178~182.

[215] Kadkhodaei M, Salimi M, Poursin M. Analysis of Asymmetrical Sheet Rolling by A Genetic Algorithm[J]. International Journal of Mechanical Sciences, 2007, 49(5): 622~634.

[216] Lu J S, Harrer O K, Schwenzfeier W, et al. Analysis of the Bending of the Rolling Material in Asymmetrical Sheet Rolling[J]. International Journal of Mechanical Sciences 2000, 42(1): 49~61.

[217] Swiatoniowski A. Interdependence between Rolling Mill Vibrations and the Plastic Deformation Process[J]. Journal of Materials Processing Technology, 1996, 61(4):354~364.

[218] Tzou G Y, Huang M N. Study on the Minimum Thickness for the Asymmetrical PV Cold Rolling of Sheet[J]. Journal of Materials Processing Technology, 2000, 105(3):344~351.

[219] Tzou G Y, Huang M N. Study on the Minimum Thickness for the Asymmetrical Hot-and-cold PV Rolling of Sheet Considering Constant Shear Friction[J]. Journal of Materials Processing Technology, 2001, 119(1~3):229~233.

[220] Jin H, Lioyd D J. Effect of a Duplex Grain Size on the Tensile Ductility of an Ultra-fine Grained Al-Mg Alloy, AA5754, Produced by Asymmetric Rolling and Annealing[J]. Scripta Materialia, 2004, 50(10):1319~1323.

[221] Ji Y H, Park J J, Kim W J. Finite Element Analysis of Severe Deformation in Mg-3Al-1Zn Sheets through Differential-speed Rolling with A High Speed Ratio[J]. Materials Science

and Engineering A, 2007, 454 ~ 455: 570 ~ 574.

[222] Kim W J, Lee J B, Kim W Y, et al. Microstructure and Mechanical Properties of Mg-Al-Zn Alloy Sheets Severely Deformed by Asymmetrical Rolling[J]. Scripta Materialia, 2007, 56(4):309 ~ 312.

[223] 史庆南，林大超. 复合带材异步轧制工艺基础及理论研究[M]. 昆明：云南大学出版社，2001.

[224] 潘金生. 材料科学基础[M]. 北京：清华大学出版社，1998.

[225] 吕爽，等. ECAP 与 ARB 纯铝的微观组织和力学性能的比较[J]. 新技术新工艺，2007，(4)：61 ~ 63.

[226] 陈彬，林栋樑，曾小勤，等. 深度塑性变形法的研究现状和前景[J]. 材料导报，2006，20(9):73 ~ 76.

[227] Naoya Kamikawa, Nobuhiro Tsuji, Xiaoxu Huang, et al. Quantification of Annealed Microstructures in ARB Processed Aluminum[J]. Acta Materialia 2006, 54(11):3055 ~ 3066.

[228] Alexandrov I V, Davies G J. Texture Development in the Ultrarapid Annealing of Cold-rolled Copper and Steel [J]. Materials Science and Engineering, 1985, 75 (1 ~ 2):L1 ~ L4.

[229] 武保林，王沿东，左良，等. 激光加热下铜的再结晶织构及其机制探讨[J]. 材料研究学报，1998，12(1):42 ~ 46.

[230] Vatne H E, Nes E. The Origin of Recrystallization Texture and the Concept of Micro-growth Selection[J]. Scripta Metallurgicalet Materialia, 1994, 30(3): 309 ~ 312.

[231] 张立德，解思深. 纳米材料和纳米结构[M]. 北京：化学工业出版社，2005.

[232] 赵志业. 金属塑性变形与轧制理论[M]. 北京：冶金工业出版社，1980.

[233] 卢柯. 纳米孪晶纯铜的强度和导电性研究[J]. 中国科学院院刊，2004，19(5):352 ~ 354.

[234] 申勇峰，卢磊，陈先华，等. 纳米孪晶纯铜的强度和导电性[J]. 物理，2005，34(5):344 ~ 347.

# 冶金工业出版社部分图书推荐